T0220578

Astronautische Raumfahrt

Rupert Gerzer

Astronautische Raumfahrt

Beginn eines neuen Zeitalters

 Springer

Rupert Gerzer
Institut für Luft- und Raumfahrtmedizin
DLR – ehem. Institutsleiter
Köln, Nordrhein-Westfalen, Deutschland

ISBN 978-3-662-64739-4   ISBN 978-3-662-64740-0   (eBook)
https://doi.org/10.1007/978-3-662-64740-0

Die Deutsche Nationalbibliothek verzeichnet diese Publikation in der Deutschen Nationalbibliografie; detaillierte bibliografische Daten sind im Internet über http://dnb.d-nb.de abrufbar.

Planung/Lektorat: Lisa Edelhäuser
Umschlagabbildung: NASA Umschlaggestaltung: Deblik, Berlin
Springer ist ein Imprint der eingetragenen Gesellschaft Springer-Verlag GmbH, DE und ist ein Teil von Springer Nature.
Die Anschrift der Gesellschaft ist: Heidelberger Platz 3, 14197 Berlin, Germany

Geleitwort

Astronautinnen und Astronauten haben zu allen Phasen ihrer Auswahl, ihres Trainings und ihres Fluges mit Medizinern zu tun. So stellte sich uns bei der psychologischen Auswahlrunde 1987 in Hamburg der ‚Flight Surgeon‘ der deutschen Astronauten vor und ich erinnere mich, dass ich ihn gefragt habe, womit er denn bei so wenigen Patienten sein Geld verdienen könnte. Später hat mich ‚Kucki‘ dann trotz dieser Frage über 10 Jahre durch Training und Flug begleitet.

Steht bei der Astronautenauswahl erst einmal die Garantie einer robusten Gesundheit der Ausgewählten im Vordergrund, so sind es bei der Vorbereitung für einen Raumflug und den Experimenten an Bord schon eher die Auswirkungen der weltraumspezifischen Faktoren, die Ärzt*innen und Astronaut*innen zusammen wissenschaftlich angehen.

Dass heutzutage die europäischen Astronaut*innen schon Stunden nach der Landung lächelnd und selbständig laufend in ihr Rehabilitationsquartier im :envihab einrücken können, ist nur ein überzeugendes Resultat dieser Zusammenarbeit. Längst sind technische Entwicklungen zur Unterstützung der Gesundheit der Menschen an Bord von Raumfahrzeugen nicht mehr ‚Trial and Error‘ basiert. Vielmehr wurde in den Labors im Weltall gezielt ausgehend von der phänomenologischen Ebene (man sieht das ‚Puffy Face‘, die ‚Chicken Legs‘) die neurologische, also die Steuerungsebene erforscht, um dann letztlich bis hinein in die Zellbildung zu schauen, inwieweit Schwerlosigkeit und andere Effekte den Menschen im All verändern.

Rupert Gerzer hat in den zahlreichen Missionen, die er als Direktor des Instituts für Luft- und Raumfahrtmedizin wissenschaftlich geleitet hat, sowohl das Wohlergehen der Raumfahrer*innen im Blick gehabt, als auch mit wissenschaftlicher Akribie die Phänomene aufklären geholfen, die uns beim Aufenthalt in der Schwerelosigkeit vor Rätsel gestellt haben, die kein irdisches Textbuch erklären kann. Ein gutes Beispiel ist der ‚Metabolic Ward in Space' bei meinem Flug 1997 zur MIR Raumstation, der neue Erkenntnisse zum Salzhaushalt des Körpers erbrachte. Durch die wissenschaftliche Herangehensweise, die mir als Physiker bestens bekannt war, und die penible Vorbereitung und Durchführung des Experiments konnte man das überraschende Resultat nicht wegdiskutieren. Es passt zu Rupert Gerzers Konzept, dass der Effekt dann in dem von ihm initiierten :envihab Forschungskomplex durch Liegestudien bestätigt und statistisch gefestigt wurde.

Mochte es auch bei Start und Landung in der Sojus-Kapsel sehr ruppig zugegangen sein: Letzten Endes war es für mich immer eine beruhigende Gewissheit, dass nach den Aussagen der mich begleitenden Ärzt*innen mein Körper den Belastungen des Raumflugs gewachsen sei.

Astronaut*innen und Ärzt*innen teilen das stete Staunen darüber, wie effektiv der sich in der Erdschwere evolutionär entwickelte Körper des Menschen im Weltall auf die neuen Bedingungen einstellt und wie schnell er lernt sich anzupassen. Diese im Erdorbit gewonnenen Erkenntnisse bringen Astronaut*innen und Ärzt*innen nicht nur auf die Erde zurück, sie lassen auch längere Flüge ins Weltall mit einer gesunden Crew nicht utopisch erscheinen.

2021   Reinhold Ewald, Astronaut

Vorwort

Endlich passiert wieder etwas in der astronautischen Raumfahrt. Die Privatindustrie ist eingestiegen, neue Märkte werden erschlossen, wiederverwendbare Raketen werden gebaut, eine Raumstation wird bald den Mond umkreisen. Es ist absehbar, dass Menschen wieder auf dem Mond landen und den Bau einer Mondstation vorbereiten. Bald werden erste Tourist*innen einen Aufenthalt in einem Weltraumhotel buchen können – wenn auch zu Preisen, die für Durchschnittsbürger*innen nicht bezahlbar sind. Aber: Die Menschheit beginnt jetzt, ihre Wiege zu verlassen – ein neues Zeitalter hat begonnen!

In einigen hundert Jahren werden die Menschen bewundernd auf uns zurückschauen: Damals, also in den ersten Jahrzehnten des neuen Jahrtausends, beginnt alles. Zuvor gibt es in der astronautischen Raumfahrt heroische Paukenschläge, aber – typisch für Pionierzeiten – auch Rückschläge, die alles infrage stellen. Jetzt aber ist es endlich geschafft. Welch aufregende Zeit damals, in den 2020ern bis 2070ern, als die astronautische Raumfahrt ihren Durchbruch erlebt. Was sind schon 50 Jahre im Lauf der Geschichte?

Heute, also am Beginn dieser spannenden Zeit, haben die meisten Menschen andere Sorgen, bemerken diesen Umbruch allenfalls am Rande und sind zumindest in Deutschland meist sehr skeptisch. Kriege und bewaffnete Konflikte werden eher schlimmer und häufiger, der von Menschen gemachte Klimawandel und seine Folgen nehmen bedrohliche Ausmaße an, Flüchtlingsströme und Armut nehmen zu und früher nicht für möglich gehaltene Pandemien sind Realität geworden. Wir Menschen werden immer mehr. Unsere Lebensräume werden enger, unsere Rohstoffe und Ressourcen weniger und die Perspektiven für die Zukunft verdüstern sich. Wir sollten also beginnen, uns nach Expansionsmöglichkeiten umzusehen. Natürlich darf dabei unser Lebensraum Erde nicht weiter zerstört werden – im Gegenteil: unsere heutige Lebensgrundlage muss erhalten bleiben. Deshalb müssen wir alles tun, um nicht nur den Klimawandel, sondern gleichzeitig auch die damit verbundene Erdausbeutung zu stoppen.

Aber das wird nicht reichen. Nicht von ungefähr warnen Experten wie der Astrophysiker Stephen Hawking (1942–2018) vor dem Untergang der Menschheit, wenn wir uns nicht innerhalb der nächsten Jahrzehnte ins All aufmachen. Wir Menschen wollen immer weiter, wollen für unsere Kinder ein besseres Leben, wollen im Konkurrenzkampf Vorteile gegenüber anderen und wollen nicht benachteiligt werden, wenn andere erfolgreicher sind, wollen uns nicht der Stagnation anpassen, sind neugierig auf Neues und hoffen auf eine gute Zukunft. Null-Wachstum anstreben klingt zwar gut, ist aber in unserer auf Erfolg getrimmten Welt nicht realisierbar – arme, ideologisch geprägte oder militärisch schwache Länder werden immer andere Länder einholen, übertrumpfen und ihnen dann Vorgaben machen wollen. Um sich also international weiter behaupten zu können, muss man wirtschaftlich stark sein. Und eine der Möglichkeiten, aus der Falle der Stagnation, aus wirtschaftlichem Abschwung und der Resignation zu entkommen, ist der Aufbruch ins All.

In Deutschland befassen sich heute im Vergleich mit den USA nur wenige Enthusiast*innen mit astronautischer Raumfahrt. Astronaut*in werden gilt bei vielen gerade noch als Kindertraum und sich mit diesem Thema zu beschäftigen wird oft belächelt oder skeptisch beäugt. Trotzdem ist staatlich geförderte Raumfahrt zur Routine geworden. Die Internationale Raumstation kommt gelegentlich in die Schlagzeilen, wenn Gefahr droht oder etwas Spektakuläres passiert. Flüge europäischer Astronaut*innen zur Raumstation schaffen es gerade noch als Randnotizen in die Medien. Andererseits haben sich kürzlich in der Europäischen Astronaut*innen-Ausschreibung über 22 000 junge Menschen beworben; das Interesse bei denen, die unsere Zukunft gestalten werden, ist also auch in Europa vorhanden.

In den USA hat die Zukunft der astronautischen Raumfahrt bereits begonnen, dort wächst eine neue Industrie mit großer Geschwindigkeit und astronautische Raumfahrt ist zum attraktiven Zukunftsthema geworden. In Europa sollten wir über diese Entwicklungen nicht nur Bescheid wissen und sie – typisch deutsch – herablassend belächeln oder mit erhobenem Zeigefinger kritisieren, sondern Wege finden, darin weiterhin eine aktive Rolle zu spielen und diese neuen Zukunftschancen zu ergreifen.

Das hier vorliegende Buch soll dem/r Leser*in helfen, einen komprimierten Überblick über den aktuellen Stand der astronautischen Raumfahrt zu erhalten, es soll aber auch beitragen, die Chancen und Möglichkeiten astronautischer Raumfahrt kennenzulernen, um dem derzeitigen Trend in Europa entgegenzuwirken, bei dem astronautische Raumfahrt häufig als überflüssige Geldverschwendung geltungssüchtiger Nationen oder als Hobby narzisstischer Milliardäre abgetan wird. Insbesondere die USA und ihre Milliardäre wollen nicht Geld verschwenden, sondern durch gezielte Investition in astronautische Raumfahrt riesige Zukunftsmärkte erschließen. Auch Russland und China und inzwischen sogar Indien gehen in diese Richtung. Warum wohl?

Das Buch soll kein Lehrbuch, noch eine Enzyklopädie sein und erhebt auch nicht den Anspruch, alle Bereiche des Themas komplett abzudecken. Es soll als Sachbuch Laien die Möglichkeit bieten, Einblicke hinter die Kulissen dieses Themas zu bekommen und sich selbst ein besseres Bild über astronautische Raumfahrt zu machen. Vielleicht hilft es auch Student*innen für einen ersten Einblick in diese Thematik.

Hauptziel des Buches ist es, wieder Begeisterung für astronautische Raumfahrt zu erzeugen, sowie Verständnis dafür, dass dieses Thema nicht nur für einige Enthusiast*innen spannend oder gar sinnlose Geldverschwendung, sondern wichtig für die künftige wirtschaftliche Konkurrenzfähigkeit Europas ist und dazu beitragen kann, eine lebenswerte Erde zu erhalten. Der Zug dazu fährt jetzt ab, aber die Richtung, in die er fährt, kann beeinflusst werden. Der Zug sollte in Richtung Erhaltung einer lebenswerten Erde und gleichzeitig Erhaltung wirtschaftlicher Konkurrenzfähigkeit fahren.

Dieses Buch ist in einer möglichst gendergerechten Weise geschrieben. Der Ausdruck „bemannte Raumfahrt" sollte in Zukunft generell nicht mehr verwendet werden und ist durch „astronautische Raumfahrt" ersetzt, Astronauten durch Astronaut*innen etc.

Da dieses Buch eine Erstauflage ist und da ich nicht alle Bereiche bis in die Tiefe abdecken kann, werden sich sicher Fehler eingeschlichen haben. Einige Themen habe ich wahrscheinlich auch schlicht übersehen. Bitte nehmen Sie mir das nicht übel, sondern teilen Sie mir Fehler und Versäumnisse mit, damit das Buch in einer nächsten Auflage besser werden kann.

Viel Spaß beim Lesen!

München   Rupert Gerzer
6. Dezember 2021

Nachdem das Buch zum Druck eingereicht war, ist Russland in die Ukraine einmarschiert und versucht, die Weltordnung zurückzudrehen. Die im Buch getroffenen Aussagen und Folgerungen, dass sich Europa auch in der astronautischen Raumfahrt unabhängig machen soll, haben sich dadurch nicht geändert, sondern sind leider inzwischen noch aktueller geworden.

Danksagungen

Meiner Frau Franziska herzlichen Dank für die viele Geduld beim Schreiben, das mehrmalige Durchsehen des Manuskripts und die vielen Verbesserungsvorschläge!

Dem Astronauten Reinhold Ewald danke ich einerseits sehr für die für langjährige exzellente Zusammenarbeit – seine Disziplin während seines Raumflugs hat uns beispielsweise ermöglicht, wichtige wissenschaftliche Erkenntnisse zur Regulation des Salzhaushaltes des Menschen zu gewinnen – und für die kritische und sehr konstruktive Durchsicht des Manuskripts, wobei er mich auf etliche fachliche „Böcke" aufmerksam machen konnte, die ich „geschossen" hatte.

Ohne Wikipedia, wo ich mich immer wieder absichern konnte und aus dem ich vieles Wissen wiedergeben konnte, wäre dieses Buch nicht möglich geworden. Wikipedia ist eine private Initiative, die auf Spendengelder angewiesen ist. Machen Sie es mir nach und spenden auch Sie, damit Wikipedia weiterhin kostenlos so gute Informationen liefern kann!

Dem Springer-Verlag danke ich sehr für seine Bereitschaft, das Risiko der Veröffentlichung dieses Buches zu tragen und für die viele Unterstützung, die ich von Frau Edelhäuser und Herrn Padmanaban erhalten habe.

Und zuletzt bedanke ich mich bei den vielen Kolleg*innen, die ich im Rahmen meiner Berufstätigkeit in der Raumfahrt kennenlernen durfte und deren Begeisterung, Unbekanntes zu erforschen und zu helfen, die Zukunft möglich zu machen, mich immer motiviert haben und mich generell für die Zukunft sehr optimistisch sein lassen.

Inhaltsverzeichnis

Über den Autor

Rupert Gerzer ist seit etwa 35 Jahren in der astronautischen Raumfahrt aktiv. Er studierte an der Ludwig-Maximilians-Universität München Medizin. Nach Forschungsaufenthalten in Heidelberg und in den USA sowie einer anschließenden Ausbildung in Innerer Medizin und Klinischer Pharmakologie wurde er 1992 zum Direktor des DLR-Instituts für Luft- und Raumfahrtmedizin in Köln und zum Lehrstuhlinhaber Flugmedizin der RWTH Aachen berufen. Diese Positionen hatte er bis zu seiner Emeritierung 2015 inne. Während dieser Zeit nahm sein Institut an vielen Raumflugmissionen teil, betreute deutsche und ESA-Astronaut*innen und arbeitete in der Raumfahrtmedizin und lebenswissenschaftlichen Forschung unter Weltraumbedingungen weltweit mit vielen Wissenschaftlergruppen zusammen. Viele Kooperationsprojekte führten ihn in verschiedenste Raumfahrtzentren und zu entsprechenden Forschergruppen in Europa, den USA, Kanada, Brasilien, Russland, China und Japan. Durch Mitarbeit in verschiedenen nationalen und internationalen Gremien lernte er auch vieles über Strategien einzelner Länder in der astronautischen Raumfahrt kennen. Es gelang ihm in dieser Zeit, die Mittel für die Errichtung einer weltweit einmaligen Forschungsanlage, :envihab, einzuwerben, in der inzwischen in enger Zusammenarbeit mit der NASA und der ESA Regelmechanismen Gesunder in großen standardisierten Studienkampagnen untersucht werden. Nach seiner Emeritierung war er am Aufbau der in Kooperation mit dem Massachusetts Institute of Technology (M.I.T.) in Boston, MA, USA, neu gegründeten englischsprachigen Elite-Universität Skoltech in Moskau beteiligt und war für mehrere Jahre deren stellvertretender Präsident. Inzwischen lebt er mit seiner Frau in München und in Au am Inn.

Abkürzungsverzeichnis

ACES   Advanced Crew Escape Suit
von Shuttle Astronaut*en bei Start und Landung getragener Raumanzug

AMS   Alpha Magnet Spektrometer
über eine Milliarde Dollar teures Experiment auf der ISS zum Nachweis dunkler Materie und dunkler Energie

ARED   Advanced Resistive Exercise Device
Trainingsgerät auf der ISS zum „Gewicht heben"

ASE   Association of Space Explorers
Vereinigung geflogener Astronaut*innen

ASMA   Aerospace Medical Association
US-amerikanische Gesellschaft für Luft- und Raumfahrtmedizin

ATV   Automated TransferVehicle
Nachschubkapsel der ESA für die ISS zwischen 2008 und 2014

BEAM   Bigelow Expandable Activity Module
Aufblasbares Raumstationsmodul der Firma Bigelow Aerospace

BMBF   BundesMinisterium für Bildung und Forschung
Bundesforschungsministerium

CEVIS   Cycle Ergometer, Vibration Isolated
Vibrationsgesichertes Fahrradergometer auf der ISS

CNES   Centre National d'Études Spatiales
Französische Raumfahrtagentur

CNSA   China National Space Administration
Chinesische Raumfahrtagentur

COLBERT	**C**ombined **O**perational **L**oad-**B**earing **E**xternal **R**esistive **T**readmill *Vibrationsgesichertes Laufband auf der ISS*
COSPAR	**CO**mmittee of **SPA**ce **R**esearch *Raumfahrt-Unterorganisation des International Science Council ISC, einer Vereinigung von weltweit über 140 Wissenschafts-organisationen*
C.R.O.P.	**C**ombined **R**egenerative **O**rganic food **P**roduction *Forschungsinitiative des DLR zur Bioregeneration; inzwischen als Spin off-Projekt zur Produktion von Dünger aus Gülle*
CSA	**C**anadian **S**pace **A**gency *Kanadische Raumfahrtagentur*
DARPA	**D**efense **A**dvanced **R**esearch **P**rojects **A**gency *Forschungsorganisation des US-amerikanischen Militärs*
DFG	**D**eutsche **F**orschungs**G**emeinschaft *Selbstverwaltungseinrichtung zur Förderung der Wissenschaft und Forschung in Deutschland*
DLR	**D**eutsches Zentrum für **L**uft- und **R**aumfahrt *Raumfahrtagentur und Großforschungseinrichtung, die international die Raumfahrtinteressen Deutschlands vertritt*
EAC	**E**uropean **A**stronaut **C**enter *Europäisches Astronautenzentrum der ESA in Köln*
EDEN-Initiative	**E**volution and **D**esign of **E**nvironmentally-closed **N**utrition-sources *Initiative des DLR zur Erzeugung von Nahrung in einem weitgehend geschlossenen System*
ELGRA	**E**uropean **L**ow **G**ravity **R**esearch **A**ssociation *Europäische wissenschaftliche Vereinigung von Akteuren in der Mikrogravitationsforschung*
EMS	*Elektromyostimulation*
EMU	**E**xtravehicular **M**obility **U**nit *amerikanischer Anzug für Weltraumspaziergänge*
:envihab	**ENVI**ronmental **HAB**itat, *weltweit einzigartige Forschungsanlage für Analogstudien zu Aufenthalten im Weltall*
ESA	**E**uropean **S**pace **A**gency *Europäische Raumfahrtagentur*
ESRANGE	**E**uropean **S**pace and Sounding Rocket **RANGE** *Schwedischer Startplatz für Forschungsraketen und -Ballone in der Nähe von Kiruna*

EVA	ExtraVehicular Activity
	Weltraumspaziergang
FAI	Fédération Aéronautique Internationale
	Internationaler Luftsportverband
HERA	Human Exploration Research Analog
	Forschungsanlage der NASA in Houston zur Duchführung von
	Isolationsstudien zur Vorbereitung von Aufenthalten auf Mond-
	oder Marsstationen
HGF	Helmholtz-Gemeinschaft deutscher Forschungszentren
	Größte deutsche Organisation zur Förderung und Durchführung
	von Forschung
HIS	Humans In Space
	Alle zwei Jahre stattfindender Weltkongress der Raumfahrtmedizin
	der IAA
IAA	International Academy of Astronautics
	Weltweite Akademie der Raumfahrt mit maximal 2000 Mit-
	gliedern
IAC	International Astronautical Congress
	Jährlicher gemeinsamer Weltkongress der Raumfahrt von IAAC,
	IAF und dem International Institute of Space Law
IAF	International Astronautical Federation
	Weltweite Gemeinschaft von Behörden, Wissenschaftsorganisa-
	tionen, Universitäten und Industriefirmen, die in der Raumfahrt
	tätig sind
ISS	International Space Station;
	Internationale Raumstation
IVA Suit	Intravehicular Activity **SUIT**, auch **Crew Dragon Pressure Suit**
	Von Passagier*innen der Fa. SpaceX bei Start und Landung
	getragener Druckanzug
JAXA	Japan Aerospace EXploration Agency
	Japanische Raumfahrtagentur
JSC	Johnson Space Center in Houston, Texas
	Heimatbasis der amerikanischen Astronaut*innen
MAG	Maximum Absorbance Garment
	bei Weltraumspaziergängen getragene Windel
MDRS	Mars Desert Research Station
	Von der MARS Society betriebene Station in Utah zur
	Duchführung von Vorbereitungsstudien künftiger Aufenthalte auf
	dem Mars
MEDES	Institut de **MED**écine Et de Physiologie Spatiales
	Institut für Raumfahrtmedizin und -Physiologie der CNES in
	Toulouse

MELISSA	Micro-Ecological LIfe Support System Alternative
	ESA-Projekt zur Untersuchung von Recycling-Methoden von menschlichen Ausscheidungen und Biomüll bei Langzeit-Raumflügen
MINT	Mathematik, Informatik, Naturwissenschaften und Technik
	Für Deutschlands wirtschaftliche Leistungsfähigkeit essenzielle Fächer
M.I.T.	Massachusetts Institute of Technology
	in Boston, Massachusetts, USA weltweit führende technische Hochschule
MPG	Max Planck-Gesellschaft
	Eine der führenden deutschen Institutionen im Bereich der Grundlagenforschung
N1	Nositel 1
	Von der Sowjetunion entwickelte Rakete für bemannte Mondflüge. Das Programm wurde nach der ersten Mondlandung der USA und einigen Fehlschlägen 1974 eingestellt
NASA	National Aeronautics and Space Administration
	US-amerikanische Raumfahrtagentur
NBF	Neutral Buoyancy Facility
	Tauchbecken zum Training von Weltraumspaziergängen
NEEMO	NASA Extreme Environment Mission Operations
	Forschungsprogramm der NASA zum Leben auf einer Raumstation in einem Unterwasserlabor in Key Largo, Florida
NIH	National Institutes of Health
	Wichtigste US-amerikanische Behörde für biomedizinische Forschung
NSF	National Science Foundation
	Wichtigste US-amerikanische US-Behörde für nicht-medizinische Grundlagenforschung
Orlan	russisch für Seeadler:
	von Kosmonaut*innen benutzter Raumanzug für Weltraumspaziergänge
PET-MRT	PositronenEmissionsTomographie-MagnetResonanzTomographie
	Bildgebende Verfahren in der Medizin
ROSS	Russian Orbital Service Station
	Geplante neue russische Raumstation
SETI	Search for ExtraTerrestrial Intelligence
	Suche nach intelligentem Leben im Weltall
SLS	Space Launch System
	neue Rakete der NASA für Flüge zum Mond und Mars
SOKOL	russisch für „Falke"
	russischer Anzug für Starts und Landungen

TRISH	Translational Research Institute of Space Health
	von der NASA finanziertes Institut zur Klärung von Fragen der
	Weltraummedizin am Baylor College of Medicine in Houston, TX.
UdSSR	Union der Sozialistischen SowjetRepubliken
	ehemalige Sowjetunion
UTC	Universal Time Coordinated
	koordinierte Weltzeit (Mitteleuropäische Zeit + 1 Stunde)
UTMB	University of Texas Medical Branch in Galveston, Texas
	Basis der medizinischen Betreuung der US-Astronaut*innen
V2	Vergeltungswaffe 2
	erste, im 2. Weltkrieg eingesetzte Rakete, die den Weltraum
	erreichte
VIP	Very Important Person
	sehr wichtige Person
ZARM	Zentrum für Angewandte Raumfahrttechnologie und Mikrogravitation
	wiss. Institut mit Fallturm in Bremen

1

Geschichte der astronautischen Raumfahrt

Seit ihren spannenden Anfangsjahren entwickelt sich die astronautische Raumfahrt kontinuierlich weiter. Jetzt aber kommt eine neue Ära, in der die Privatindustrie mit wiederverwendbaren Raketen den Markt revolutioniert und schrittweise übernimmt. Im folgenden Kapitel wird die Geschichte der astronautischen Raumfahrt kurz zusammengefasst. Das Kapitel beginnt mit einer Übersicht über aktuelle Entwicklungen, die auch bereits Geschichte schreiben.

Was sich heute in der astronautischen Raumfahrt tut

Die Internationale Raumstation (ISS; Abb. 1.1) nähert sich dem Ende ihrer Lebensdauer. Sie soll ab 2024 schrittweise ersetzt werden. Russland hat den Vertrag eines gemeinsamen Betriebs nicht verlängert, wird den russischen Teil voraussichtlich 2024 zwar angekoppelt belassen, aber zunächst weiter betreiben, bevor die eigene Raumstation ROSS in Betrieb genommen wird. Der westliche Anteil soll von der Privatindustrie übernommen und als Forschungsstation für zahlende Raumfahrtagenturen und Firmen sowie als Weltraumhotel für Touristen weiter betrieben und mit neuen „Hotelmodulen" ergänzt werden, bevor diese dann abgekoppelt werden und dann die ISS gezielt zum Absturz gebracht wird.

© Der/die Autor(en), exklusiv lizenziert durch Springer-Verlag GmbH, DE, ein Teil von Springer Nature 2022
R. Gerzer, *Astronautische Raumfahrt*, https://doi.org/10.1007/978-3-662-64740-0_1

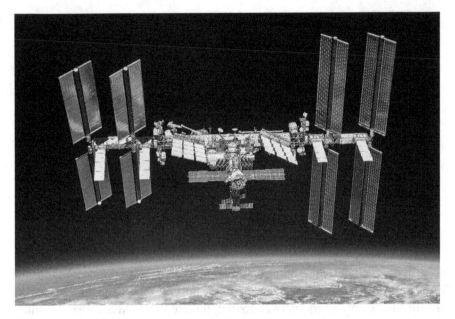

Abb. 1.1 *Internationale Raumstation. (Foto: NASA)*

Die Voraussetzungen für einen Betrieb eines Teils der ISS als Forschungsstation und als Hotel werden immer besser. Der Transport sowohl von Nachschub als von Menschen wird schon heute zunehmend – nach massiver Vorinvestition durch die NASA – durch die Privatindustrie durchgeführt. Wiederverwendbare Raketen reduzieren bereits heute die Transportkosten auf Bruchteile bisheriger Kosten. In den nächsten Jahren werden diese Kosten weiter stark fallen. Während bisher maximal drei Personen gleichzeitig mit der Sojus-Rakete zur ISS fliegen konnten, darunter maximal zwei Weltraumtourist*innen, können seit kurzem bis zu fünf und bald sieben Personen gleichzeitig mit dem Crew Dragon der Firma SpaceX fliegen. In wenigen Jahren – glaubt man den Plänen von Elon Musk – sollen pro Flug mit der Rakete Starship (Abb. 1.2) bis zu hundert Menschen gleichzeitig ins All fliegen können. Eine heute unvorstellbare Zahl; ob das gelingt, wird sich zeigen.

Gleichzeitig sind die nichtrussischen Raumstationspartner kurz davor, das erste Modul der neuen Raumstation „Lunar Gateway" (Abb. 1.3) in einer Umlaufbahn um den Mond zu positionieren. Dieses soll als Ausgangspunkt für Landungen auf dem Mond sowie für künftige Flüge zum Mars dienen.

China ist gleichfalls nicht untätig: 2021 wurde das erste Modul der neuen chinesischen Raumstation Tiangong 3 (Himmelspalast 3) ins All geflogen. Diese soll – wie derzeit die ISS – ständig bewohnt sein und wird dann der nächste ständig bewohnte Außenposten im All werden.

Abb. 1.2 *Starship der Fa. SpaceX. (Foto: SpaceX)*

Abb. 1.3 *Lunar Gateway (Illustration: NASA) soll frühestens ab Ende 2024 in einer Mondumlaufbahn positioniert werden*

Für den „kleinen" Geldbeutel (Kosten derzeit ab etwa 450.000 US$) werden bereits suborbitale Weltraumflüge bis in über 80 oder über 100 km Höhe angeboten. Trotz dieser immensen Kosten versprechen sich die

Anbieter einen Riesen-Markt, gibt es doch weltweit über 55 Mio. US-Dollar-Millionäre und über 2000 Dollar-Milliardäre.

Im Juli 2021 flog der Gründer von Virgin Galactic, Richard Branson, als erster Passagier seiner Firma Virgin Galactic mit weiteren Gästen in über 80 km Höhe und überflog damit diese von US-Luftwaffe und NASA definierte Grenze zum Weltraum.

Der Gründer von Amazon, Jeff Bezos, überflog dann neun Tage später mit der Rakete New Shepard seiner Firma Blue Origin die Höhe von 100 km, die international als Grenze zum Weltraum angesehen wird. Seine Gäste bei diesem Flug waren sein Bruder, die 82-jährige Wally Funk – eine in den 60er Jahren des letzten Jahrhunderts ausgebildete Astronautin, die damals nicht hatte fliegen dürfen, weil sie eine Frau ist -, sowie ein 18-Jähriger, dem sein Papa das Ticket spendierte. Das kommerzielle Ticket war zunächst für 28 Mio. Dollar (!) ersteigert worden. Da der Ticketinhaber aus Termingründen nicht mitfliegen konnte, rutschte der 18-Jährige nach, der eigentlich für den Zweitflug gebucht war. Teure zehn Minuten, aber was tut man nicht alles, um in die Geschichtsbücher einzugehen – zumindest, wenn man es sich leisten kann.

Auch die erste touristische Mondumrundung ist in Vorbereitung, sie soll bereits 2023 erfolgen!

Das wohl spannendste Kapitel der heutigen Raketentechnik ist die Entwicklung weniger umweltfeindlicher Treibstoffe. Auch hier liegen die USA vorne. Es ist abzusehen, dass auch die Raketentechnik für astronautische Raumfahrt in den nächsten Jahrzehnten schrittweise in Richtung Klimaneutralität geht.

Die ehrgeizigsten Kapitel in der astronautischen Raumfahrt werden in einigen Jahrzehnten neben Forschung und Tourismus wohl Produktion im All und Weltraumbergbau werden. Forschung in Schwerelosigkeit durchführen wird immer wichtig und spannend bleiben; Touristen in den Weltraum zu fliegen kann man als Zwischenziel ansehen, um zu wissen, was einen bei längeren Weltraumaufenthalten erwartet, um die Finanzen zum Aufbau von Infrastrukturen zu bekommen, um Transportkosten zu minimieren und die Öffentlichkeit auf die Zukunft des Menschen im All aufmerksam zu machen. Wenn aber dann die unendlichen Ressourcen im All sowohl mit astronautischen als robotischen Missionen erschlossen werden können, wird die Raumfahrt schrittweise einen wesentlichen Beitrag dazu leisten können, der Ausbeutung der Erde und der gleichzeitigen Zerstörung der Natur ein Ende zu machen. Hoffentlich ist es dann nicht schon zu spät. Also auf ins All!

Überblick

Visionäre wie der Russe Konstantin Ziolkowski (1857–1935), der US-Amerikaner Robert Hutchings Goddard (1882–1945) und der Deutsche Hermann Oberth (1894–1989) haben die Grundlagen für den Bau von Raketen gelegt. In den 1920er Jahren beginnen begeisterte junge Studenten im Auftrag ihrer Professoren vor allem mit sogenannten Flüssigtreibstoff-Raketen zu experimentieren.

Die eigentliche Geschichte der Raumfahrt beginnt dann aber in Deutschland mit dem Wunsch der Nazis, eine „Wunderwaffe" zu produzieren, also Raketen zu bauen, die mit möglichst großer Reichweite und Geschwindigkeit Bomben in Städte der Feinde transportieren sollen.

Das Gesicht dieser Anstrengungen ist Wernher von Braun (1912–1977; Abb. 1.4) – einer der Schüler von Hermann Oberth – der mit nur 25 Jahren in Peenemünde auf Usedom als technischer Leiter mit der Entwicklung militärischer Raketen beauftragt wird und diese Entwicklung später mit der V2 („Vergeltungswaffe 2") zum Ziel führt. Diese Rakete (ursprünglich A4 genannt) erreicht 1944 als erste eine Höhe von über 100 km und somit den „Weltraum". Damit ist die Raumfahrt Wirklichkeit geworden. Die V2 richtet gegen Kriegsende vor allem in London und Antwerpen große Schäden an und fordert etwa 10.000 zivile Todesopfer.

Gebaut werden diese Raketen hauptsächlich von KZ-Häftlingen, von denen ca. 20.000 „den Produktionsbedingungen" zum Opfer fallen. Es kommen also beim Bau dieser Waffe mehr Menschen um als aufgrund ihres militärischen Einsatzes. Dieser Beginn der Raumfahrt, auch der Name Wernher von Braun, steht deshalb heute zu Recht in sehr zweifelhaftem Ruf.

Die alliierten Siegermächte haben damals keine mit der „Wunderwaffe" vergleichbaren Raketensysteme; ihnen ist aber klar, dass solche Systeme in künftigen militärischen Auseinandersetzungen eine wichtige Rolle spielen werden. So werden dann viele deutsche Raketenbauer nicht angeklagt oder „entnazifiziert", sondern zu den Siegermächten „eingeladen", um dann den USA („Operation Paperclip"), Frankreich oder der Sowjetunion zu helfen, verbesserte Versionen der V2 zu bauen. Nachdem später die Sowjets und nicht die USA den ersten Satelliten in die Umlaufbahn schießen, tröstet der Komiker Bob Hope in einer Fernsehsendung die Amerikaner mit dem Witz: „Ganz einfach, ihre Deutschen sind eben besser als unsere Deutschen." (Die Sowjets bringen deutlich mehr Spezialisten – deren Namen inzwischen zumindest im Westen weitgehend vergessen sind – in die Sowjetunion als die Amerikaner in die USA).

Abb. 1.4 *Wernher von Braun (1912–1977). (Foto: NASA)*

Bevor diese „Einladungen" in entsprechende Länder erfolgen, müssen viele Nazi-Wissenschaftler und -Ingenieure Details ihrer Entwicklungen niederschreiben und in Peenemünde – bzw. später in White Sands in den USA – vor führenden Ingenieuren der Siegermächte Demonstrationsraketenstarts durchführen. Unter den Ingenieuren der Sowjetunion ist in Peenemünde auch der Ingenieur Sergei Korolev (1907–1966), der nach 6-jähriger Gefangenschaft und Aufenthalt in einem Gulag freigelassen worden war und der später zum sowjetischen „Chefkonstrukteur" aufsteigt. Korolev wird so auf der sowjetischen Seite der Gegenspieler von Brauns. Seine Identität ist lange geheim und wird erst nach seinem Tod bekannt gegeben. Als das Nobelpreiskomitee dem sowjetischen Chefkonstrukteur nach dem erfolgreichen Flug von Sputnik 1 einen Nobelpreis verleihen will, antwortet Chruschtschow, das sowjetische Volk und nicht ein Einzelner habe diese Leistung vollbracht – und gibt den Namen des Chefkonstrukteurs nicht preis. Ein Nobelpreis kann Korolev deshalb nicht verliehen werden.

Von Braun erläutert bei den Demonstrationsstarts in White Sands auch einem jungen chinesischen Ingenieur, der in den USA arbeitet, die Prinzipien des Baus der Rakete V2. Dieser Chinese, Quian Xuesen (1911–2009), ist anschließend am Aufbau des Jet Propulsion Laboratory in Pasadena, Kalifornien, beteiligt und arbeitet an der Entwicklung neuer Raketen. Eigentlich will er in den USA bleiben und erwirbt die Staatsbürgerschaft. Das hilft ihm aber in der McCarthy-Ära nicht. Er wird verdächtigt, Kommunist zu sein und kommt trotz seiner Loyalitätsbekenntnisse ins Gefängnis. 1955 begnadigt ihn dann der damalige Präsident Eisenhower und erlaubt unter Zurücklassung aller fachlichen Papiere die Ausreise nach China. In China wird er nach einigen Jahren Leiter der Entwicklung der „Dongfang"-Raketen, die später die ersten chinesischen Taikonauten in den Orbit transportieren. Heute gilt er als Vater des chinesischen Raketenprogramms.

Die US-Amerikaner sind schon kurz nach dem 2. Weltkrieg nicht nur am Bau von Raketen interessiert, sondern wollen auch Astronaut*innen in den Weltraum schicken. Bereits 1949 gründen sie bei San Antonio das weltweit erste (militärische) Institut für Raumfahrtmedizin und machen den im Rahmen der Operation Paperclip in die USA eingeladenen ehemals führenden deutschen Flugmediziner Hubertus Strughold (1898–1986) zum Gründungsdirektor dieses Instituts.

Auch die Sowjets beginnen in den 50er Jahren, sich mit astronautischer Raumfahrt zu befassen. Der Militärarzt Oleg Gazenko (1918–2007) wird schrittweise der führende sowjetische Raumfahrtmediziner. Ab 1955 arbeitet er in der Raumfahrtmedizin und trainiert zunächst Hunde, um zu klären, ob diese einen Raumflug überleben würden. Dies kann bereits beim zweiten Satellitenstart (Sputnik 2) am 03. 11. 1957 mit dem Raumflug der Hündin Laika gezeigt werden. Oleg Gazenkos Team trainiert auch die erste Kosmonauten-Crew mit Juri Gagarin, dem ersten Menschen im Weltall (Vostok 1; 12. 04. 1961). Gagarin sagt später über sein Training bei Gazenko: „Ich weiß nicht, ob ich der erste Mensch oder der letzte Hund im Weltall war".

Der Flug Gagarins hat im Kalten Krieg Riesen-Auswirkungen: Die USA sind besorgt, das Wettrennen im All gegen die Sowjets zu verlieren. Was wäre, wenn die Sowjets Raumstationen haben, vom All aus überall auf der Erde militärisch eingreifen können und die USA dem technologisch nicht gewachsen sind? Der damalige Präsident Kennedy reagiert unmittelbar: Obwohl eigentlich kein Freund der astronautischen Raumfahrt, verkündet er am 25. Mai 1961, kurz nachdem Alan Shepard am 5. Mai 1961 den ersten, nur 15 min dauernden suborbitalen US-Raumflug (vom damaligen

Sowjetführer Chruschtschov „Flohhüpfer" genannt) unternommen hat, dass die USA noch vor Ablauf des Jahrzehnts zum Mond und wieder zurück fliegen würden. Ziel der astronautischen Raumfahrt ist in dieser Zeit nicht Forschung, neue Welten erobern, Horizonte für die Menschheit erweitern, sondern Demonstration technologischer und damit militärischer Überlegenheit. Die Kosten sind also eher Nebensache. Da das Ziel ein militärisches ist und die ersten Astronauten Militärpiloten sind, geht man auch viel höhere Risiken ein, als man es bei rein zivilen Aufgabenstellungen tun würde. Ein Grund dafür, dass man bisher nicht wieder auf dem Mond gelandet ist.

Die Amerikaner beginnen nun unter der Leitung von Wernher von Braun mit der Entwicklung der Saturn-V-Rakete ihr Apollo-Programm, die Sowjets unter Korolev mit der Rakete N1 (Nositel 1) ihr Mondprogramm. Korolev verstirbt aber 1966 an Spätfolgen des Gulag-Aufenthalts, das N1-Programm erleidet daraufhin etliche Fehlschläge und wird nach der Mondlandung der Amerikaner eingestellt. Mit der ersten astronautischen Mondlandung von Armstrong und Aldrin am 20. Juli 1969 und der anschließenden erfolgreichen Rückkehr gewinnen die USA dieses Rennen und damit den Erfolg als technologisch führende und damit voraussichtlich in absehbarer Zeit militärisch unbesiegbare Nation.

Wenige Jahre nach dieser Demonstration stellen auch die USA ihr Mondprogramm ein. Das Apollo-Programm wird zu teuer und hat im Vergleich fast so viel gekostet wie ein halber Jahreshaushalt der Bundesrepublik Deutschland (Bundeshaushalt Deutschland 2021 etwa 500 Mrd. £). Nachdem nun demonstriert ist, dass die USA der Sowjetunion technologisch überlegen ist, sind wissenschaftliche Gründe nicht ausreichend, diese gigantischen Finanzsummen für eine Fortführung des Mondprogramms bereitzustellen.

In der Bevölkerung löst das Apollo-Programm weltweit einen Riesen-Boom des Fortschrittsglaubens aus. Ich kann mich gut erinnern, damals selbst geglaubt zu haben, dass nun ein goldenes Zeitalter mit schnellem technologischem Fortschritt auf der Erde und im All kommen würde, dass auch Raumstationen gebaut würden, in denen Fabriken neueste Produkte herstellen, dass bald eine permanente Mondstation käme, dass noch vor der Jahrtausendwende eine permanente Marsstation als unser Außenposten im All errichtet würde und vor allem, dass der generelle technologische Fortschritt weltweit auch zunehmend Wohlstand und Frieden zur Folge haben würde.

Es kommt aber anders. Der Vietnam-Krieg tobt und die Niederlage der USA wird absehbar. In China ist die Kulturrevolution in vollem Gange und in Deutschland beginnt die dunkle Zeit des Terrorismus.

Die Begeisterung für Mondflüge bekommt einen Dämpfer. Aber Astronaut*innen in der Umlaufbahn um die Erde zu haben, wird – es ist ja noch immer die Zeit des Kalten Krieges – als strategische Notwendigkeit angesehen. Die Sowjets schwenken deshalb schnell um und beginnen mit dem Programm Saljut das erste Raumstationsprogramm, das am 19. April 1971, also knapp zwei Jahre nach der ersten Mondlandung der Amerikaner, gestartet wird. Bis 1982 fliegt die Sowjetunion zunächst im Almaz-Programm rein militärisch, dann zunehmend zivil sieben Saljut-Stationen, um zu beginnen, einen ständigen Außenposten der UdSSR in der Erdumlaufbahn zu haben. Die letzte, Saljut 7, ist 816 Tage in Betrieb.

Die Amerikaner ziehen nach und betreiben von 1973 bis 1974 die Raumstation Skylab. Inzwischen sind aber (aus nun übrigen Saturn-Raketen des Apollo-Programms) leistungsfähige Interkontinentalraketen entwickelt und die Erdbeobachtung übernehmen schrittweise Beobachtungssatelliten. Man benötigt also astronautische Raumfahrt nicht mehr für militärische Zwecke. Schritt für Schritt werden die Argumente für astronautische Raumfahrt nun geändert und sie wird nun neu als friedliche Aktivität definiert. Forschung, Entdeckung neuer Möglichkeiten, Expansion der Handlungsspielräume des Menschen, internationale Zusammenarbeit und Völkerverständigung werden also zunehmend zentrale Ziele der astronautischen Raumfahrt.

Auch hat man bei ersten längerdauernden Aufenthalten im All bemerkt, dass sich der menschliche Körper ohne Fitnesstraining sehr schnell an Schwerelosigkeit anpasst, was gut ist, dass aber genau deshalb nach der Landung Gesundheitsprobleme auftreten. Will man also längere astronautische Raumflüge durchführen und Astronaut*innen lange Aufenthalte auf Raumstationen ermöglichen, müssen diese Anpassungsvorgänge verstanden und entsprechende Forschung durchgeführt werden. Damit rückt nun Forschung zur Gesunderhaltung von Menschen in Schwerelosigkeit neben anderen Themenstellungen in den Mittelpunkt von Forschungsprojekten unter Weltraumbedingungen.

Um den Transport in den erdnahen Orbit zu verbilligen und die Möglichkeiten für Forschung zu verbessern, entwickelt die NASA ab den 70er Jahren ein wiederverwendbares Raumtransportsystem, die Space Shuttles, die von 1981 bis 2011 im Einsatz sind. Die ESA entwickelt für die Shuttles das Forschungslabor Spacelab, das in 22 Shuttle-Flügen eingesetzt wird. Im Space Shuttle können bis zu acht Astronaut*innen fliegen, außerdem können in der Ladebucht Satelliten in die Umlaufbahn transportiert werden (z. B. das Hubble Weltraumteleskop), Forschungsgeräte oder sogar Labormodule wie das Spacelab mitfliegen. Leider erfüllt sich das Konzept nicht, dass diese Lösung den Transport in die Erdumlaufbahn verbilligen würde, auch überschatten zwei Abstürze die Erfolgsbilanz. Das Programm Shuttle wird deshalb 2011 beendet und die NASA beschließt, Privatfirmen zu fördern, die später den Transport von Menschen in die Umlaufbahn bzw. zu Raumstationen kommerzialisieren sollen. Für Flüge über den Orbit hinaus soll ein NASA-eigenes Transportsystem, das „Space Transportation System" STS, in Auftrag gegeben werden.

Von 1986 bis 2001 wird von den Sowjets die MIR-Station eingerichtet. Die Sowjets/Russen können so enormes Wissen über die Effekte des Langzeitaufenthalts in Schwerelosigkeit ansammeln, während die NASA mit ihrem Space Shuttle-Programm nur Kurzzeitaufenthalte durchführen kann und später gelegentlich Astronaut*innen auf die MIR-Station zu längeren Aufenthalten bringen darf. Diese Zusammenarbeit klappt so gut, dass dann beschlossen wird, nicht, wie ursprünglich geplant, eine sowjetische und eine amerikanische Raumstation zu bauen, sondern gemeinsam die Internationale Raumstation.

Inzwischen konzentrieren sich die Inhalte astronautischer Raumfahrt zunehmend auf Forschungsprojekte in Schwerelosigkeit sowie die Entwicklung entsprechender Forschungsmöglichkeiten. Diese werden mit zunehmend komplexeren Raumstationen wie der MIR-Station oder später der Internationalen Raumstation immer mehr perfektioniert. Viele Menschen beginnen nun zu glauben, astronautische Raumfahrt würde nur wegen der Forschung betrieben, fangen an, die Investitionen in astronautische Raumfahrt mit den kommerziellen Rückläufen aus Forschungsergebnissen zu vergleichen und vergessen, dass der langfristige Hauptzweck die Erweiterung der Handlungsmöglichkeiten der Menschheit und die mögliche Erschließung neuer Zukunftsmärkte ist.

Heute sind wir so weit, dass der Transport von Menschen in die Erdumlaufbahn zunehmend von Privatfirmen übernommen wird und diese damit neue Geschäftsfelder erobern. Nicht von ungefähr investieren vor allem Unternehmer, die mit neuen Technologien ihr Geld verdient haben, in diese Zukunftsmärkte. Investoren aus Ländern, die bisher nicht oder kaum in astronautische Raumfahrt investiert hatten, sind in diesem Zukunftsmarkt deutlich im Hintertreffen, da in ihren Ländern kaum Erfahrung oder Bereitschaft vorhanden ist, um diese Zukunftsmärkte zu erschließen.

Ab etwa 2000 werden die ersten privaten Firmen mit dem Ziel gegründet, den Transport von Astronaut*innen ins All preiswerter zu machen, durch Entwicklung wiederverwendbarer Raketen die Transportkosten zu minimieren und dadurch konkurrenzfähiger zu werden. Auch in die Entwicklung „grüner" Treibstoffe wird zunehmend investiert, um die Raumfahrt in absehbarer Zeit umweltverträglich zu machen. Die in diese Ziele investierenden Firmen übernehmen inzwischen immer mehr sowohl den Satellitentransport als den Transport von Astronaut*innen in die Umlaufbahn. Man kann erwarten, dass ähnlich, wie es in den 20ern des letzten Jahrhunderts in der Luftfahrt passierte, auch mit der Kommerzialisierung der astronautischen Raumfahrt Boomjahre mit sprunghaft steigenden Möglichkeiten folgen werden.

Höhe- und Tiefpunkte

Aus der reichen und wechselvollen Geschichte der astronautischen Raumfahrt sind hier einige herausragende Meilensteine dargestellt, die jeweils positive oder negative Einschnitte darstellen.

Erster astronautischer Raumflug – *Die Sowjets haben die Nase vorne*

Dass im Kalten Krieg bald auch Menschen in die Umlaufbahn gebracht würden, zeichnet sich ab, als die Sowjets nur wenige Wochen nach dem erfolgreichen ersten Satellitenstart, Sputnik 1 am 4. Oktober 1957, bereits am 3. November 1957 die Hündin Laika erfolgreich ins All schicken. Laika stirbt zwar nach wenigen Stunden an Überhitzung, aber damit ist bewiesen, dass Start und Aufenthalt in Schwerelosigkeit grundsätzlich überlebt werden können. Am 19. August 1960 starten dann die beiden Hunde Belka und Strelka. Sie überleben fünf Tage im Orbit und landen dann gesund. Heute sind sie ausgestopft im Museum für Kosmonautik in Moskau zu besichtigen (Abb. 1.5).

Bereits ein Jahr später wagen es die Sowjets dann, einen Menschen in die Umlaufbahn zu schicken. Yuri Gagarin (1934–1968; Abb. 1.6) absolviert am 12. August 1961 in einer Kapsel an der Spitze der einsitzigen Rakete Wostok 1 einen Orbit, also eine Erdumrundung, und kehrt gesund zurück. Die Sowjets haben im Weltraum-Wettrennen die Nase vorne!

Gagarin arbeitet dann weiter als Kosmonaut und ist später Reserve-Kosmonaut beim Flug von Sojus 1. Nachdem diese Mission aber mit dem Tode des Kosmonauten Komarov endet, darf Gagarin nicht mehr als Kosmonaut arbeiten: Man will das Risiko nicht eingehen, dass dieser UdSSR-Superheld ebenfalls zu Tode käme. Er stirbt dann aber doch bereits 1968 beim Absturz eines von ihm gesteuerten Militär-Jets. Ähnlich wie Gagarin darf später auch John Glenn, der erste US-Amerikaner, der 1962

Abb. 1.5 *Juri Gagarin (links; 1934–1968), der erste Mensch im All und Sergej Korolev (rechts; 1907–1966), der legendäre „Chefingenieur" der Sowjetunion. (Foto: Roskosmos)*

erfolgreich die Erde (dreimal) umrundet, auf heimliche Anordnung von John F. Kennedy hin nicht mehr fliegen. Erst Jahrzehnte später kann er, nun als inspizierender US-Senator, 1998 mit 77 Jahren doch noch seinen Zweit-flug, nun mit dem Space Shuttle, unternehmen.

Erste Frauen im All – *Start mit Hindernissen*

Nach dem Flug von Gagarin soll bei den Sowjets auch eine Frau ins All geflogen werden. Da es kaum Jet-Pilotinnen gibt, dehnt man die Suche auch nach ausgebildeten Fallschirmspringerinnen aus. Die Wahl fällt auf Valentina Tereshkova (geb. 1937; Abb. 1.6), die am 16. Juni 1963 mit der letzten der einsitzigen Wostok-Raketen für drei Tage im All ist. Während des Fluges gibt es Probleme im Flugablauf und in der Kommunikation. Ihr ist dauernd übel, die Spucktüten gehen aus, die Toilette funktioniert nicht richtig, sie hat Schwierigkeiten mit der Kommunikation und beschädigt das Fenster des Raumschiffs. Daraufhin darf bei den Sowjets bis 1982 keine weitere Frau ins All fliegen. Erst nach dem zweiten Flug einer Kosmonautin, Svetlana Sawizkaja, einer ausgebildeten Testpilotin, ermöglicht auch die NASA einer Amerikanerin einen ersten Raumflug. Sally Ride fliegt mit nur 33 Jahren 1983 und dann nochmal 1984 an Bord des Space Shuttle. Inzwischen sind gemischte Crews der Normalfall. Allerdings war bisher noch nie eine rein weibliche Crew und auch noch keine Deutsche im All.

Abb. 1.6 *Valentina Tereshkova und der Autor 2012 beim Jahreskongress geflogener Astronaut*innen (ASE) in Riad, Saudi Arabien. (Foto: R. Gerzer)*

Erster Weltraumspaziergang – *Beinahe schiefgegangen*

Beinahe wäre Alexei Leonow (1934–2019; Abb. 1.7) gestorben, als er am 18. März 1965 als erster Mensch sein zweisitziges Raumschiff Woschod 2 verlässt und, nur durch ein 4,5 m langes Seil gesichert, im All schwebt. Man hat nicht bedacht, dass der Druckunterschied zum Weltraumvakuum den Raumanzug wie einen Ballon aufblasen würde – zum Wiedereinstieg passt Leonow nun nicht mehr durch die Luke. Er kann sich gerade noch retten, indem er über ein Notfallventil so viel Luft ablässt, dass er sich doch knapp durch die Luke quetschen kann. Ein zweites Malheur ereignet sich bei der Landung: Die Bremsraketen zünden nicht ordnungsgemäß und Leonow landet mit seinem Kollegen Beljajew einige hundert Kilometer von der eigentlichen Landungsstelle entfernt. Sie werden erst zwei Tage später – zum Glück unversehrt – gefunden.

Apollo 1 – *Katastrophe Nr.1*

In den frühen Raumschiffen der Amerikaner und der Sowjets verwendet man für die Atemluft reinen Sauerstoff. Dadurch kann der Druck in der Kabine deutlich reduziert werden, ohne dass die Leistungsfähigkeit der Astronaut*innen eingeschränkt wird. Bei dem auf etwa ein Drittel

Abb. 1.7 *Der damalige Präsident der Vereinigung geflogener Astronauten ASE Dumitru Prunariu (rumänischer Kosmonaut) und Alexei Leonow (ganz links) verleihen den Alexei Leonov Preis für die Organisation des Jahrestreffens geflogener Astronaut*innen an den Autor (2013; Foto: DLR)*

reduzierten Druck haben sie sogar mehr Sauerstoff zur Verfügung als in normaler Atemluft. Das Brandrisiko reiner Sauerstoffatmosphäre wird dabei nicht ernst genug genommen.

Dies rächt sich am 21. Februar 1967, als bei einem Test des Kommando- und Servicemoduls des neuen Mondlandeprogramms im Kennedy Space Center Feuer ausbricht und die Astronauten Grissom, White und Chaffee sterben.

Dadurch verzögert sich der Start des amerikanischen Mondprogramms um 20 Monate. Neben verschiedenen anderen Verbesserungen im Design wird nun der Sauerstoffdruck beim Start auf 60 % bei einer Atmosphäre Druck reduziert. Dies stellt weiterhin ein deutliches, aber zumindest etwas verringertes Brandrisiko dar. Im späteren Space Shuttle-Programm ist der Druck etwas erniedrigt, auf der ISS herrschen dann Luftdruck- und Sauerstoffpartialdrucke wie auf der Erde. In künftigen Mond- und Marsmissionen werden wahrscheinlich wieder erniedrigte Drucke bei erhöhter Sauerstoffkonzentration herrschen. Dies wird die Druckanpassung für Weltraumausstiege und damit das Arbeiten auf Mond und Mars wesentlich erleichtern.

Sojus 1 – ...noch eine Katastrophe

Der sowjetische Chefkonstrukteur Korolev verstirbt im Januar 1966. In der Folge gibt es technische Probleme bei der Entwicklung der neuen Raketen für das Mondprogramm.

Die ersten beiden Sojus-Raketen sollen aufgrund politischen Drucks wegen des Wettrennens mit den USA trotzdem umgehend gestartet werden – man will den USA, die ja eben die Apollo 1-Mannschaft verloren haben, zeigen, dass man weiterhin die Führung innehat. Zunächst soll die erste Koppelung zweier astronautischer Raumschiffe im All mit Austausch der Crews stattfinden, da man im sowjetischen Programm noch nicht beide Raumschiffe koppelt und innen umsteigt, sondern zwar koppelt, aber dann von außen aus dem einen in das andere Raumschiff umsteigen muss. Sojus 1 mit dem Kosmonauten Komarow an Bord startet am 23. April 1967. Der dann geplante Start von Sojus 2 kann dann aber wegen schlechter Wetterlage nicht durchgeführt werden. Damit entfällt die geplante Kopplung. Aufgrund zusätzlicher erheblicher technischer Probleme an Bord wird die Landung von Sojus 1 nun bereits auf den 24. April vorgezogen. Leider versagt bei der Landung das Fallschirmsystem, Komarow kann nur noch tot geborgen werden.

Sojus 5 – *gerade noch gutgegangen*

Das Docking zweier Raumschiffe und Umsteigen klappt dann im Januar 1969 bei Sojus 4 und 5. Die Kosmonauten Yelisseyev und Khrunov steigen diesmal erstmals erfolgreich um. Bei der späteren Landung von Sojus 5 trennt sich das Servicemodul erst im letzten Augenblick, das Raumschiff landet sehr hart bei minus 38 Grad Außentemperatur im Ural – nicht wie eigentlich geplant in Kasachstan. Der Kosmonaut Wolynov erleidet einen Kieferbruch und verliert etliche Zähne, macht sich aber auf und findet tatsächlich einen Bauernhof, wo er sich bis zum Eintreffen der Rettungsmannschaft vor dem Erfrierungstod retten kann.

Sojus 11 – *...und die nächste Katastrophe*

Nachdem es der Crew von Sojus 10 nicht geglückt war, an Saljut 1, der ersten Raumstation der Geschichte, anzudocken und dann direkt ohne Weltraumspaziergang umzusteigen, gelingt dies der Crew von Sojus 11 am 7. Juni 1971. Sie bleibt bis zum 29. Juni in der Raumstation Saljut 1. Es gibt an Bord einige Probleme; beim Einstieg riecht die Luft verbrannt und die Kosmonauten müssen zunächst für einen Tag zurück in die Sojus-Kapsel. Später bricht dann Feuer aus, das die Crew löschen kann. Schließlich versetzt das Laufband, das zum Fitnesstraining genutzt wird, die Station in deutliche Schwingung. Aber die Crew bekommt alles in den

Griff. Auch die Landung verläuft ohne Zwischenfälle. Fast. Denn beim Öffnen der Kapsel durch die Bodencrew werden alle drei Kosmonauten tot in ihren Sitzen gefunden. Die anschließende Untersuchung ergibt, dass sich beim Trennen vom Servicemodul während des Abstiegs in etwa 170 km Höhe ein Druckventil geöffnet hat und die Mannschaft deshalb erstickte.

Mondlandung – *aber jetzt klappts: Die USA sind im Rennen vorne*

Nach dem Desaster beim Testlauf von Apollo 1 und einigen Testflügen ohne Besatzung ist die Mission Apollo 7 mit der Saturnrakete im Oktober 1968 der erste astronautische Flug dieses Systems. Die USA „müssen" dieses Rennen gewinnen, weil ja bisher die Sowjets vorne liegen. Da der Flug erfolgreich verläuft, wagt man bereits ein paar Wochen später mit Apollo 8 (21. – 27. Dezember 1968) ein Verlassen der Erdumlaufbahn mit Umrundung des Mondes. Im März 1969 kommt dann die Mission Apollo 9, bei der alle für eine Landung und Rückkehr benötigten Systeme im Erdorbit mitfliegen und getestet werden. Im Mai 1969 werden in der Mission Apollo 10 alle Systeme auch in der Mondumlaufbahn getestet. Alles verläuft erneut reibungslos.

Dann kommt der entscheidende Flug: Apollo 11 startet am 16. Juli 1969 mit den drei Astronauten Neil Armstrong, Buzz Aldrin und Michael Collins. Am 20. Juli steigen Armstrong und Aldrin in die Landefähre um und landen auf dem Mond. *„Ein kleiner Schritt für den Menschen, ein riesiger Sprung für die Menschheit"* sind die inzwischen legendär gewordenen Worte von Neil Armstrong, die er beim Ausstieg sagt. Die gesamte Mission (Abb. 1.8) wird ein riesiger Erfolg, es gibt auch beim Rückflug keine größeren Probleme.

Am 24. Juli landen die drei Astronauten nach dem erfolgreichen Flug im Nordpazifik. Sie kommen nun für 21 Tage in Quarantäne (Abb. 1.9). Eine solche Quarantäne wird auch noch bei Apollo 12 und Apollo 14 aufrechterhalten. Erst dann ist man weitgehend sicher, dass auf dem Mond kein Leben nachzuweisen ist, das die Astronauten töten und die gesamte Menschheit auslöschen könnte.

Nach diesem Riesenerfolg gibt es noch fünf weitere Mondlandemissionen, bei denen die Astronauten Erkundungsausflüge machen, einen Mondrover nutzen, Mondgestein sammeln und zur Erde zurückbringen und einmal auch Golf spielen.

Abb. 1.8 *Erste astronautische Mondlandung am 20. Juli 1969 mit Apollo 11. (Foto NASA)*

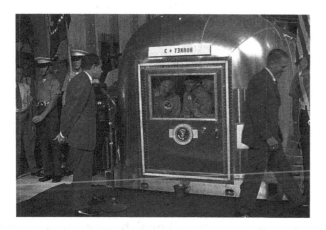

Abb. 1.9 *Einundzwanzig Tage Quarantäne der Astronauten nach der ersten Mondlandung. (Foto NASA) Präsident Nixon besucht die Rückkehrer*

Bei den Ausstiegen auf dem Mond macht man eine überraschende Entdeckung: Der Mondstaub, also der Regolith, bleibt wegen seiner elektrostatischen Ladung (Mondstaub ist wegen des Sonnenwinds negativ geladen) an den Astronautenanzügen und allen Gegenständen haften. Wenn dann die Astronauten in die Landekapsel zurückkehren und die Anzüge ablegen, verbreitet sich eine „Rußwolke", die Staubpartikel haften nicht mehr, einige Astronauten bekommen nach dem Einatmen „Weltraumschnupfen". Leider stellt sich später heraus, dass diese Staubpartikel sehr scharfkantig, sehr klein und leider auch sehr toxisch sind. Deshalb muss in Zukunft verhindert werden, dass Astronaut*innen mit diesen Regolith-Nanopartikeln in Kontakt geraten. Ähnlich gefährliche Partikel sind auch auf dem Mars vorhanden.

Nur Apollo 13 wird kein Erfolg. Schon nach Verlassen der Erdumlaufbahn explodiert das Servicemodul. Nur mit großer Mühe kann die Mannschaft nach Umrundung des Mondes zurückkehren und letztlich erfolgreich landen.

Nach dem Flug von Apollo 17 im Dezember 1972 wird das Apolloprogramm aus Kostengründen eingestellt. Bisher sind insgesamt 12 Menschen auf dem Mond gewesen. Dies wird sich wohl in naher Zukunft ändern.

MIR-Station – *Dauerpräsenz im All ohne Katastrophe!*

Als Nachfolger des Saljut-Programms planen die Sowjets ab Anfang der 70er Jahre eine ständig bewohnte Raumstation. Das dazu konzipierte Programm MIR (Abb. 1.10) wird 1976 beschlossen, die Station ab 1986 aufgebaut, ist 1996 komplett fertiggestellt und wird vom März 1986 bis zum April 2000 von vielen Langzeitcrews besucht. Dazu gehören auch gemeinsame Missionen mit der NASA, dem DLR und der ESA, bei denen auch deutsche Astronauten die Station besuchen. Im März 2001 folgt aufgrund zunehmender Alterungs- und finanzieller Probleme der kontrollierte Deorbit: Das meiste verglüht beim Wiedereintritt, der Rest versinkt im Pazifik. Im Anschluss wird in enger Zusammenarbeit mit den USA die Internationale Raumstation ISS gebaut.

Space Shuttle – *teuer und risikoreich: aber erfolgreich*

Schon während der Flüge zum Mond beginnt zum einen die Ära der Raumstationen. Die NASA arbeitet gleichzeitig an Konzepten zumindest teilweise wiederverwendbarer Raumtransportsysteme, um die Transportkosten zu senken und die Häufigkeit von Flügen erhöhen zu können. Unter verschiedenen Konzepten wählt man 1972 das Konzept des Space Shuttle aus. Das wiederverwendbare Shuttle mit bis zu acht Plätzen und einer Ladebucht

Abb. 1.10 *MIR-Station.* *(Foto: Roskosmos)*

für Satelliten oder Labors wird mit einem Außentank und zwei Boostern verbunden. Unter Booster versteht man eine Hilfsrakete, die beim Start verwendet und dann abgeworfen wird.

Mit diesem Konzept können niedrige Umlaufbahnen erreicht werden. Ursprünglich kalkuliert man, dass jedes der fünf gebauten Shuttles pro Jahr etwa zehn Flüge mit jeweils nur 10,5 Mio. Dollar Startkosten durchführen könne. Das Shuttle-Konzept – mit etwa einem Start pro Woche – ist so beeindruckend, dass es auch von den Sowjets nachgeahmt wird. Deren Projekt Buran beginnt 1976. Nachdem nur ein Testflug ohne Crew erfolgt und der kalte Krieg beendet ist, wird das Projekt Buran 1993 aus Kostengründen eingestellt. Einer der Prototypen, Buran OK-GLI, wird später an das Technikmuseum Speyer verkauft. Man kann ihn seit 2008 dort besichtigen.

Der Erstflug des Shuttles Columbia (Abb. 1.11a, b) erfolgt am 21.04.1981. Bis zum letzten Shuttleflug 2011 erfolgen 135 Starts. Das

Abb. 1.11a *Space Shuttles. (Fotos NASA)*
Atlantis startet 1988. Man kann zusätzlich zum Shuttle Orbiter auch gut die beiden weißen aktiven Festtreibstoffbooster sowie in der Mitte dahinter den großen Außentank sehen

Abb. 1.11b *Space Shuttles. (Fotos NASA)*
Discovery nähert sich 2006 der Internationalen Raumstation. Die Ladebucht ist geöffnet. Thomas Reiter ist an Bord dieser Mission

Shuttle-Programm wird dann wegen der inzwischen veralteten Technologie und aus Kostengründen eingestellt. Die NASA hat nach Ende des Shuttle-Programms die Gesamtkosten auf 208 Mrd. Dollar beziffert, pro Flug fielen also nicht 10,5 Mio., sondern deutlich über eine Milliarde Dollar an....

Die Space Shuttles prägen eine lange, in großen Teilen trotz der hohen Kosten und zwei Katastrophen insgesamt erfolgreiche Ära. Mit Shuttles werden auch Satelliten in den Orbit transportiert und, wie das Hubble-Teleskop, repariert, im Europäischen Spacelab können Experimente durchgeführt werden und die Module des amerikanischen, europäischen und japanischen Teils der Internationalen Raumstation werden mit Shuttles in den Orbit transportiert. Leider gibt es auch zwei Abstürze (Challenger 1986 und Columbia 2003), bei denen jeweils die gesamte siebenköpfige Besatzung ums Leben kommt.

Challenger- und Columbia-Katastrophe – *Nachlässigkeit rächt sich*

In der Nacht vom 27. zum 28. Januar 1986 friert es in Florida. Weil es in Cape Canaveral fast nie unter Null Grad hat (dort sind z. B. Alligatoren heimisch, die tropisches Klima brauchen), hatte man über das mögliche Problem zwar diskutiert, ist aber das Risiko eingegangen, dass die Dichtungsringe wegen der tiefen Temperaturen versteifen und dadurch ihre Dichtungsfähigkeit verlieren können. Aber genau das passiert. Bei der späteren Analyse der Unfallursachen stellt man fest, dass aus der rechten Feststoffrakete bereits kurz nach Abheben des Shuttle schwarzer Rauch entwich (Abb. 1.12). Kurz später explodierten Booster und Haupttank und die gesamte siebenköpfige Crew war verloren. Später stellt sich heraus, dass die Kabine des Shuttle bei der Explosion des Haupttanks weitgehend intakt geblieben war und mindestens drei der sieben Astronaut*innen noch – möglicherweise bis zum Aufprall auf dem Wasser – bei Bewusstsein waren. Dies stoppt weitere Shuttleflüge für zweieinhalb Jahre. In dieser Zeit wird dann in allen Shuttles ein Rettungssystem eingebaut („Launch and Entry Suits" und „Crew Extension Pole"), mit dem sich bei einem erneuten Unfall die Crew möglicherweise retten könnte.

Am 16. Januar 2003 nachmittags startet das Shuttle Columbia zu einer wissenschaftlichen Mission. Auch Mitarbeiter meines Instituts haben Experimente an Bord und verfolgen vor Ort den Start. Beim Start fällt ein

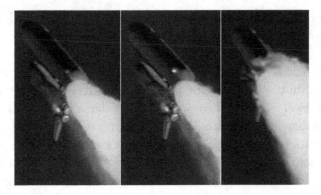

Abb. 1.12 *Nahaufnahmen der Ursache des Absturzes des Space Shuttle Challenger.
(Fotos: NASA)
Man sieht links oberhalb des regulären Feuerstrahls aus der rechten Feststoffrakete
einen kleinen gelben Punkt, aus dem Rauch entweicht (aufgrund eines undichten
Dichtungsrings). Im mittleren Bild ist dieser Punkt bereits deutlich größer. Rechts hat
sich der Punkt explosionsartig ausgebreitet. Die Katastrophe ist da*

Stück Schaumstoff vom externen Tank auf einen Flügel von Columbia und
man rätselt, ob das einen Schaden an einem der Hitzeschild-Kacheln verursacht haben könnte. Da so etwas bereits vorher vorgekommen und ohne
Konsequenzen geblieben war, ist die NASA aber nicht wirklich besorgt.
Nach dem Wiedereintritt in die Atmosphäre bricht der Funkkontakt ab –
Columbia ist dabei zu zerbersten, kurze Zeit später regnet ein Trümmer-
regen über weite Teile der Südstaaten, die bei der Landung von Space
Shuttles in der „Einflugschneise" liegen (Abb. 1.13). Die spätere Analyse
ergibt, dass sehr wohl ein Schaden vorgelegen hatte: Das Schaumstoffstück
hatte das Hitzeschild an der Flügelvorderkante getroffen und einige Hitze-
kacheln zerstört. So konnte bei ca. 1800 Grad Plasma der Hochatmosphäre
eindringen und Columbia von innen her zerstören. Dieses Unglück ist dann
ein wesentlicher Grund dafür, das Shuttle-Programm möglichst bald zu
beenden. Zuvor soll aber die Raumstation noch fertiggestellt werden. Der
Letztflug eines Space Shuttle erfolgt dann 2011.

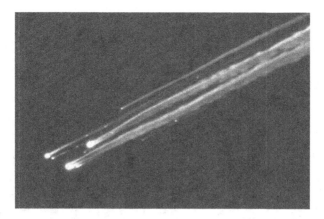

Abb. 1.13 *1. Februar 2003: Teile des Space Shuttle Columbia regnen über Texas herab. (Foto: NASA)*

Deutsche Astronauten – *wir sind stolz auf Euch!*

Bisher (Dezember) sind zwölf deutsche Astronauten (Abb. 1.14) ins All geflogen. Der erste Deutsche im All ist Sigmund Jähn (1937–2019), der 1978 als Bürger der DDR im sowjetischen Interkosmos-Programm Crew-Mitglied der einwöchigen Sojus-31-Mission ist. Der erste Westdeutsche im All wird dann 1983 Ulf Merbold (geb. 1941), der als ESA-Astronaut beim Flug STS-9 der erste Nicht-US-Amerikaner ist, der im Space Shuttle fliegen darf. Reinhard Furrer (1940–1995) fliegt 1985 als deutscher Astronaut gemeinsam mit Ernst Messerschmid (geb. 1945) auf der Shuttle-Mission D1, die gleichzeitig der erste Flug des ESA-Weltraumlabors Spacelab ist. 1992 kann Klaus-Dietrich Flade (geb. 1952) als erster deutscher Kosmonaut auf die russische Station MIR fliegen. Ebenfalls 1992 ist Ulf Merbold als Wissenschafts-Astronaut Mitglied der Space Shuttle-Crew STS-92. Hans Schlegel (geb. 1951) und Ulrich Walter (geb. 1954) sind 1993 als deutsche Astronauten Mitglied der Crew der Space Shuttle-Mission D2. Die beiden auch für diese Mission ausgebildeten Astronautinnen Renate Brümmer (geb. 1955) und Heike Walpot (geb. 1960) entscheiden sich nach der Mission aus privaten Gründen, aus dem Astronaut*innen-team auszuscheiden. Ulf Merbold fliegt 1994 noch ein drittes Mal, mit der Mission EuroMIR 94, diesmal als Kosmonaut von Baikonur aus auf die MIR-Station. Der ESA-Astronaut Thomas Reiter (geb. 1958) fliegt dann 1995 auf die MIR-Station, wo er für sechs Monate Teil der Besatzung ist. 1997 kann Reinhold Ewald (geb. 1956) als letzter Astronaut des nationalen deutschen Programms für 19 Tage zur MIR-Station fliegen. Anschließend

Abb. 1.14 *Alle bis dahin geflogenen deutschen Astronauten (ohne Reinhard Furrer, der 1995 tödlich verunglückte), bei der Einweihung der Forschungsanlage :envihab des DLR 2013. Von links: Gerhard Thiele, Reinhold Ewald, Klaus-Dietrich Flade, Ulrich Walter, Hans Schlegel, Ernst Messerschmid, Thomas Reiter, Sigmund Jähn, Ulf Merbold, Alexander Gerst (damals in Vorbereitung auf seinen Erstflug)*

wird das nationale Programm beendet und in die ESA integriert. Gerhard Thiele (geb. 1953) fliegt 2000 mit dem Space Shuttle auf der Mission STS-99. 2006 ist dann Thomas Reiter von den USA aus für sechs Monate auf der Internationalen Raumstation. Bei der Installation des Europäischen Columbus-Moduls auf der Internationalen Raumstation 2008 ist Hans Schlegel Crewmitglied. Wegen anfänglicher medizinischer Probleme kann er aber die Installation nicht wie vorgesehen bei einem ersten Weltraumspaziergang selbst durchführen, beim zweiten Mal ist er aber dabei. 2014 und 2018 ist schließlich Alexander Gerst (geb. 1976; Abb. 1.15) für jeweils ein halbes Jahr von Baikonur aus Mitglied der ISS-Besatzung und ist im zweiten Flug für drei Monate deren Kommandant. Inzwischen startete auch ein weiterer deutscher ESA-Astronaut zu seinem ersten Raumflug, Matthias Maurer (geb. 1970; Abb. 1.16). Dessen Flug zur Internationalen Raumstation startete im November 2021. Er wird nach voraussichtlich sechs Monaten, also etwa zur Zeit der Veröffentlichung dieses Buches, wieder landen.

Abb. 1.15 *Alexander Gerst erhält 2015 das Bundesverdienstkreuz.* (Foto: R. Gerzer)

Abb. 1.16 *Der deutsche ESA-Astronaut Matthias Maurer im Trainingszentrum EAC der ESA in Köln.* (Foto: ESA)

Während diese Zeilen geschrieben werden, ist eine neue ESA-Ausschreibung für Astronaut*innen veröffentlicht worden. Dabei haben sich über 22.500 Personen beworben. Vielleicht wird dabei auch eine deutsche Frau mit ausgewählt, denn es ist überfällig, dass auch eine Deutsche einen Flug ins All absolviert.

Diese Lücke will auch eine private Initiative schließen. Die Ingenieurin Claudia Kessler gründet 2016 die Initiative „Die Astronautin". Zurzeit bereiten sich die Meteorologin Insa Thiele-Eich und die Astrophysikerin Suzanna Randall auf einen solchen privat über Spendengelder zu finanzierenden Flug vor.

Zum Weiterlesen

https://www.nasa.gov/gateway
https://www.space.com/tiangong-space-station
https://www.virgingalactic.com/
https://www.blueorigin.com/
https://de.wikipedia.org/wiki/Operation_Overcast
https://de.wikipedia.org/wiki/Juri_Alexejewitsch_Gagarin
https://de.wikipedia.org/wiki/Alexei_Archipowitsch_Leonow
https://www.nasa.gov/mission_pages/apollo/missions/apollo1.html
https://www.nasa.gov/mission_pages/apollo/missions/apollo11.html
https://de.wikipedia.org/wiki/Mir_(Raumstation)
https://de.wikipedia.org/wiki/Space_Shuttle
https://www.esa.int/Space_in_Member_States/Germany/Die_deutschen_
   Astronauten
https://www.esa.int/About_Us/Careers_at_ESA/ESA_Astronaut_Selection/Wide_
   range_of_applications_for_ESA_s_astronaut_selection

2

Physikalische Rahmenbedingungen

Sind wir im Weltraum, wenn wir um die Erde fliegen? Wie kalt oder heiß ist es da? Herrscht im Weltraum Schwerelosigkeit? Was sind die Gefahren? Schützt uns das Erdmagnetfeld und das Magnetfeld der Sonne? Solche Fragen klingen logisch, die Antwort kennen aber nicht alle. Im folgenden Kapitel werden deshalb zu diesem Thema etliche Details erklärt.

Weltraum

Der Weltraum beginnt nach Definition der Fédération Aéronautique Internationale (FAI) in 100 km Höhe an der sogenannten Kármán-Linie. Dieser Definition hat sich auch die UNO angeschlossen. Physikalisch ist das noch innerhalb der Atmosphäre. Diese Linie wurde definiert, um die Luftfahrt von der Raumfahrt zu unterscheiden. Oberhalb der Kármán-Linie ist die Dichte der Atmosphäre so gering, dass Luft nicht mehr zum aerodynamischen Auftrieb oder zum Steuern genutzt werden kann, auch Triebwerke funktionieren nicht mehr, weil nicht mehr genügend Sauerstoff vorhanden ist. Mit anderen Worten: Flügel, Rotoren und Triebwerke haben dann keinen Nutzen mehr. Die Definition „Weltraum" der FAI ist also eine technische und keine physikalische Definition. Für die US-Luftwaffe und die NASA beginnt der Weltraum etwas bescheidener oberhalb einer Höhe von 50 nautischen Meilen, also oberhalb von etwa 80 km Höhe. Auch dort oben kann man nicht mehr konventionell fliegen. Im internationalen Weltraumrecht ist dagegen die Höhe des Beginns des Weltraums nicht genau definiert.

© Der/die Autor(en), exklusiv lizenziert durch Springer-Verlag GmbH, DE, ein Teil von Springer Nature 2022
R. Gerzer, *Astronautische Raumfahrt*, https://doi.org/10.1007/978-3-662-64740-0_2

In 100 km Höhe befindet man sich physikalisch in der sogenannten Thermosphäre. Die nächste und äußerste Schicht der Atmosphäre ist dann die Exosphäre, die in etwa 400 km Höhe beginnt und ab etwa 1000 km Höhe fließend in den Weltraum übergeht. Raumschiffe, die wie die Internationale Raumstation die Erde in etwa 400 bis 500 km umkreisen, sind also physikalisch noch immer innerhalb der Erdatmosphäre, nicht aber im Weltall.

Die Dichte der Atmosphäre in 400 km, also etwa der Flughöhe der Internationalen Raumstation, ist bereits äußerst gering. Die Erdanziehungskraft wirkt aber noch: Würde eine Raumstation in 400 km Höhe an einem Ort „still stehen", dann würde sie wegen der noch 0,89-fachen Erdanziehungskraft zur Erde zurück stürzen. Sie muss also mit hoher Geschwindigkeit um die Erde fliegen, um funktionell schwerelos zu sein. Da die Erdanziehungskraft die Flugbahn ablenkt, fällt eine Raumstation bei 28.800 km pro Stunde permanent so um die Erde, dass die Bahn etwa kreisförmig wird. Die Geschwindigkeit von 28.800 km/h ist so berechnet, dass sich bei wechselndem „Weltraumwetter" und wechselnder Restatmosphäre die Raumstation nie weiter von der Erde entfernt (mit der Gefahr, irgendwann im Weltall zu verschwinden), sondern bei jeder Umrundung der Erde etwas näherkommt. Deshalb muss eine die Erde umkreisende Raumstation alle paar Monate um einige Kilometer „angehoben" werden. Dies machen treibstoffbeladene Nachschubkapseln. Am Ende eines Raumstationslebens unterlässt man dann dieses Anheben und leitet durch gezieltes Absenken den sogenannten „Deorbit" so ein, dass die beim Wiedereintritt in die Atmosphäre nicht verglühten Raumstationsreste dann (hoffentlich) in einem von Schiffen nicht befahrenen Sperrgebiet im Pazifischen Ozean abstürzen.

Sogenannte geostationäre Satelliten, also Satelliten, die an einem Ort über der Erde stationiert sind, werden üblicher Weise in etwa 36.000 km Höhe positioniert. Dort fliegen sie dann mit einer Geschwindigkeit von etwa 11.000 km/h, um die Umlaufbedingung 1/Tag zu erfüllen. Die Erde umkreisende Nachrichten- und Erdbeobachtungs-Satelliten fliegen hauptsächlich in einer Höhe von 600 bis 1500 km. In beiden Höhen kommt es gelegentlich auch zu Kollisionen von Satelliten oder -Teilen.

Insgesamt ist zurzeit die Dichte des sogenannten Weltraumschrotts in etwa 1000 km Höhe besonders hoch und gefährdet in zunehmendem Maße auch die astronautische Raumfahrt; dies ist auch einer der Gründe, warum eine orbitale Umlaufbahn astronautischer Raumtransporter nicht viel höher als 400 km ist. Es kommt trotzdem immer häufiger vor, dass auch die Internationale Raumstation einem solchen Schrottteil ausweichen muss; immer wieder wird sie inzwischen von kleinen Teilchen getroffen. Zuletzt passierte das im November 2021, als die Besatzung wegen Schrottteilen eines gesprengten russischen Satelliten sicherheitshalber zwei Mal in die besonders gut gesicherten Landekapseln umsteigen und auch einen geplanten Ausstieg verschieben musste. Da die Raumstation mit 28.800 km/h fliegt und ihr Schrottteile mit evtl. ebenfalls sehr hoher Geschwindigkeit entgegenkommen können, stellen auch kleinste Teilchen eine ernstzunehmende Gefahr dar. Tatsächlich musste nach diesem Notfall ein kleines Leck in der ISS abgedichtet werden.

Weil schon in 400 km Höhe praktisch keine Restatmosphäre mehr vorhanden ist, gibt es dort auch keine Temperatur. Sobald dort aber Materie ist, also ein Satellit, ein Raumschiff, oder ein/e Astronaut*in während eines Weltraumspaziergangs, kann sich eine sonnenbeschienene Oberfläche bis auf etwa 120 Grad aufheizen, am gleichen Gegenstand sich aber die Schattenseite auf Minus 100 Grad abkühlen. Für die Wahl der richtigen Materialien und den Schutz von Astronaut*innen eine große Herausforderung.

Die Ausdehnung des Weltalls beträgt wahrscheinlich über 90 Mrd. Lichtjahre. Da ein Lichtjahr etwa 10 Billionen Kilometer entsprechen (und eine Lichtsekunde etwa 300.000 km), ist der Weltraum also unfassbar groß. Darin befinden sich Milliarden von Galaxien, in denen jeweils wieder Milliarden von Sternen sind. Wenn wir also astronautische Raumfahrt betreiben und „sogar" Pläne schmieden, zum Mars zu fliegen, müssen wir immer bedenken, dass diese geringen Entfernungen innerhalb unseres Sonnensystems, bezogen auf das gesamte Weltall, ein Nichts sind. Wollte man beispielsweise zum der Sonne nächstgelegenen, „nur" vier Lichtjahre entfernten Stern Proxima Centauri fliegen, dann wäre man, selbst wenn man mit einer Durchschnittsgeschwindigkeit von 100.000 km/h flöge, in einer Richtung über 40.000 Jahre unterwegs. Was immer wir in der astronautischen Raumfahrt in Zukunft machen: Das Weltall ist unvorstellbar groß!

Für Astronaut*innen in der Erdumlaufbahn spielt die Zeitverzögerung in der Kommunikation seit einigen Jahren kaum eine Rolle, weil genügend Kommunikationssatelliten für die Verbindung zur Verfügung stehen. Zum bis über 380.000 km entfernten Mond dauert Kommunikation aber in einer Richtung bereits über eine Sekunde. Wenn wir sehen, wie ein Rover von der Erde aus gesteuert auf dem Mars Exploration betreibt, dann machen sich viele Menschen keine Gedanken darüber, dass diese Steuerungsdaten zum Mars in einer Richtung mindestens drei Minuten brauchen. Es kann aber auch je nach der Entfernung (der Mars hat ja eine andere Umlaufperiode um die Sonne als die Erde und ist deshalb manchmal auf der anderen Seite der Sonne) bis zu zweiundzwanzig Minuten dauern. Mars-Rover steuern heißt also, dem Rover etwas befehlen, was er dann drei bis 22 min später machen wird. Will man dann „live" dabei sein, dann dauert es aber wieder bis zu 22 min, bis man sieht, ob die vorausberechneten Tätigkeiten erfolgreich durchgeführt wurden.

Sterne, also auch unsere Sonne, kann man sich als Fusionsreaktoren vorstellen, die Unmengen verschiedenster Strahlung aussenden. Wenn Supernovae explodieren, wird die freigesetzte Energie so hoch, dass dabei sogar schwere, hochenergetische Atomkerne – wie etwa Eisen – neu entstehen. Diese verbreiten sich über Milliarden von Jahren im All und gelangen natürlich auch bis zu uns. In der Erdatmosphäre werden sie abgebremst und stellen auf der Erde keine Gefahr mehr dar. Aber für die Strahlenbelastung von Astronaut*innen spielen schwere Ionen eine wichtige Rolle. Die Strahlung, die aus dem Weltall zu uns kommt, also die galaktische Hintergrundstrahlung, setzt sich aus der Gesamtmischung von vor teils Milliarden von Jahren ausgestoßenen hochenergetischen Teilchen zusammen. Deshalb ist sie wahrscheinlich im gesamten Weltall ähnlich verteilt.

Lagrange-Punkte

Lagrange-Punkte (Abb. 2.1) oder Librationspunkte sind jeweils 5 Regionen um 2 Himmelskörper, in denen sich deren Schwerkräfte gegenseitig aufheben. In diesen 5 Regionen herrscht also echtes Kräftegleichgewicht; man kann dort Raumstationen positionieren, deren Position sich mit Ausnahme des Einflusses des Weltraumwetters nicht ändert, sie können also theoretisch mit jeweils nur kleinen Positionskorrekturen für immer an einem Librationspunkt geparkt werden. Da sich aber beide Himmelskörper selbst bewegen, stehen diese Punkte nicht an einer fixen Position, sondern bewegen sich ebenfalls entsprechend mit. Für die astronautische Raumfahrt ist sowohl der Librationspunkt L1 zwischen Erde und Mond sehr interessant (etwa 58.000 km vom Mondmittelpunkt entfernt), als der Punkt L2 hinter dem Mond (etwa 64.500 km hinter dem Mondmittelpunkt).

Strahlung und Magnetfeld

Die Sonne kann man sich als nuklearen Fusionsreaktor vorstellen. Im Unterschied zu anderen Sternen ist uns die Sonne sehr nahe. Deshalb ist die Energiedichte, die von der Sonne zu uns kommt, hoch. Die Sonne ist

Abb. 2.1 *Lagrangepunkte im System Sonne-Erde.* *(Illustration: NASA)*
In einem Zweikörpersystem (z. B. Sonne – Erde oder Erde – Mond) gibt es jeweils fünf Lagrange-Punkte: L1 liegt zwischen beiden, L2 hinter dem kleineren Körper, L3 hinter dem größeren und L4 und L5 seitlich

aber keine Supernova, also kommen von ihr keine schweren Ionen. Wie bei jedem Stern schwankt auch die Aktivität der Sonne und gelegentlich kommt es zu Energieausbrüchen, den sogenannten Sonneneruptionen. Während die Aktivität der Sonne in einem 11-Jahreszyklus jeweils mehr und weniger Strahlung emittiert, sind Sonneneruptionen und damit die dann deutlich erhöhten Strahlenemissionen der Sonne noch immer schlecht vorhersehbar. Bei hoher Sonnenaktivität treten diese Eruptionen aber häufiger auf als bei niedriger.

Unsere Erde ist ein Magnet (Abb. 2.2). Das Magnetfeld der Erde stellt einen Schutzschirm gegen galaktische und solare Strahlung dar. So werden geladene Teilchen abgelenkt, abgebremst – oder auch eingefangen und kreisen dann entlang der magnetischen Feldlinien um die Erde, bis sie, angezogen von der Erdanziehungskraft, immer näher kommen und dann in der Thermosphäre ihre Energie beim Zusammenstoß mit Luftmolekülen abgeben.

Abb. 2.2 *Erdmagnetfeld-Beeinflussung durch den Sonnenwind. (Illustration: NASA)*
Das Erdmagnetfeld (zusammen mit der Atmosphäre) schützt uns vor der Strahlung
aus der Sonne und der Strahlung aus dem Weltall

Wegen des Erdmagnetfeldes gibt es zwei Strahlengürtel um die Erde, die sogenannten Van Allen-Gürtel. Für die astronautische Raumfahrt ist vor allem der Innere Van Allen-Gürtel von Bedeutung, ein Protonengürtel, der über dem Äquator in etwa 700 bis 6000 km Höhe liegt. Über dem Südatlantik, „vor" Südamerika, kommt dieser Strahlengürtel der Erde deutlich näher (Abb. 2.3), weil das Zentrum des Erdmagnetfelds nicht genau am Erdmittelpunkt liegt. Deshalb steigt die Strahlenbelastung von Astronaut*innen immer dann deutlich an, wenn sie über die Südatlantische Anomalie fliegen.

Man hat vor etlichen Jahren herausgefunden, dass viele der Protonen in der Südatlantischen Anomalie nicht vom Sonnenwind oder aus dem Weltall kommen, sondern dass in dieser Höhe das elektromagnetische Feld den Wasserstoffatomen das Elektron „entreißen" kann und sie somit zu Protonen werden.

Der äußere Van Allen-Gürtel besteht hauptsächlich aus Elektronen und befindet sich in etwa 16.000 bis 56.000 km Höhe.

Je nach Aktivität ist die Ausstrahlung von Energie aus der Sonne (der Sonnenwind) unterschiedlich. Der Sonnenwind kann sich auch in Abhängigkeit von Sonneneruptionen massiv ändern. Man spricht deshalb von Weltraumwetter. Bei starkem Sonnenwind kann man über den vom Erdmagnetfeld kaum geschützten Polarregionen herrliche Polarlichter sehen

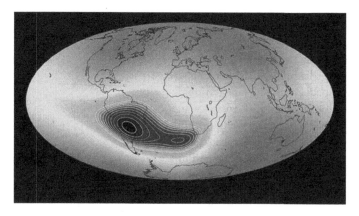

Abb. 2.3 *Erdmagnetfeld mit Südatlantischer Anomalie.* *(Illustration: Division of Geomagnetism, DTU Space)*

und in der Nähe der Pole, wo das Erdmagnetfeld kaum schützt, können bei starken Sonneneruptionen, also Sonnenstürmen, Strom-, Telefon- und Navigationsnetze zusammenbrechen und die Satellitenkommunikation massiv gestört werden. Im nördlich gelegenen Kanada sind diese Probleme sehr bekannt und gefürchtet. Für Astronaut*innen im All kann dann die Strahlenbelastung sehr stark ansteigen und lebensgefährlich werden. Seit dem bisher größten solchen beobachteten Sonnensturm 1859 wissen wir, dass Extremstürme immer wieder kommen. Der nächste kommt also bestimmt – die Frage ist nur: Wann?

Die Sonnen-Aktivität schwankt in 11-jährigen Zyklen. Dabei ändert sich auch das Magnetfeld der Sonne, innerhalb dessen die Erde die Sonne umkreist. Das erklärt ein auf den ersten Blick paradoxes Phänomen: steigt die Sonnenaktivität, dann steigt auch der Sonnenwind, also der Teilchenfluss aus der Sonne. Die Astronaut*innen werden also durch den Sonnenwind höherer Strahlenintensität ausgesetzt. Gleichzeitig funktioniert aber nun der magnetische Schutzschirm der Sonne besser, sodass weniger galaktische Strahlung zu uns kommt. Für die Astronaut*innen bedeutet das nun insgesamt: Die Gesamt-Strahlenbelastung nimmt bei erhöhter Sonnenaktivität ab (und nicht zu), weil nun der Schutz durch das Sonnenmagnetfeld zunimmt und deshalb die gefährlichere Weltraumstrahlung abnimmt. Allerdings ist dann auch die Gefahr von Sonneneruptionen erhöht.

Zum Weiterlesen

https://de.wikipedia.org/wiki/Weltraum
https://de.wikipedia.org/wiki/Erdatmosphäre
https://de.wikipedia.org/wiki/Gravitation
https://de.wikipedia.org/wiki/Geostationärer_Satellit
https://de.wikipedia.org/wiki/Weltraummüll
https://de.wikipedia.org/wiki/Universum
https://de.wikipedia.org/wiki/Lagrange-Punkte
https://de.wikipedia.org/wiki/Van-Allen-Gürtel

3

Aufenthalt in Schwerelosigkeit

Es gibt mehrere Möglichkeiten, sich in Schwerelosigkeit aufzuhalten. Man kann dies mit Parabelflügen, Suborbitalflügen, Orbitalflügen und Flügen darüber hinaus machen. Die Unterschiede werden im folgenden Kapitel erklärt.

Parabelflug – *Kotzbomber sind wichtig*

Ein Parabelflug ist die einfachste Möglichkeit, Schwerelosigkeit zu erleben. Parabelflüge werden zur Vorbereitung echter Raumflüge durchgeführt; man kann bei den typischen etwa 30 Parabeln, die pro Flug geflogen werden, für jeweils etwa 25 s schwerelos sein, ist aber vor und nach dieser Schwerelosigkeit einer erhöhten Beschleunigung von etwa 1,6–1,8 g ausgesetzt.

„Parabelflüge" kann man in jedem Motor- oder Jetflugzeug durchführen, indem man auf und ab fliegt. Für Training, Tests und größere Forschungsprojekte eignen sich aber nur größere Flugzeuge, in denen eine*r der drei Pilot*innen versucht, möglichst lange Phasen möglichst genauer Schwerelosigkeit zu gewährleisten.

Weltweit gibt es mehrere solcher extra für Parabelflüge umgebaute und zertifizierte Jets. Einen solchen Jet, das ehemalige deutsche KanzlerInnenflugzeug, einen Airbus A310 (Abb. 3.1), betreibt die Firma Novespace, ein Ableger der französischen Raumfahrtagentur CNES. Das Flugzeug fliegt typischer Weise von Bordeaux, manchmal auch von Köln,

Abb. 3.1 *Airbus A310 der Firma Novespace im Parabelflug. (Foto: Novespace)*

Frankfurt oder Zürich aus. Seit wenigen Jahren kann man auch als Privat-person für 6000 € bis 8000 € mitfliegen. Typische Forschungskampagnen mit diesem Flugzeug werden auch von verschiedenen Raumfahrtagenturen durchgeführt. Das Deutsche Zentrum für Luft- und Raumfahrt führt (wenn dies Corona-Einschränkungen nicht verhindern) jährlich ein bis zwei solcher Kampagnen durch.

Für die Parabelflüge steigt das Flugzeug zunächst in etwa 6 km Höhe in einem entsprechend zugelassenen Gebiet, typischer Weise über dem Meer. Beim Beginn einer Parabel steigt es dann schnell weiter auf etwa 7,6 km; von hier aus wird der Antrieb „abgestellt", das Flugzeug und alles im Flug-zeug „fällt" dann zunächst weiter nach oben, bis die Verringerung der Geschwindigkeit in etwa 8,5 km Höhe ausreicht, das Flugzeug mit der Erdanziehung sinken zu lassen. Ist das Flugzeug wieder in 7,6 km Höhe, beenden die Pilot*innen den freien Fall, also die funktionale Schwerelosig-keit, mit einer erneuten Hypergravitation von etwa dem 1,8-fachen der Erdanziehungskraft. Die Phasen einer typischen Parabel sind also: 20 s Hypergravitation, 22 s Schwerelosigkeit und wieder 20 s Hypergravitation. Das Ganze wird meist ca. 30 Mal wiederholt.

Diese häufig stark wechselnde Beschleunigung tolerieren viele Menschen nicht gut und sie reagieren deshalb mit zum Teil heftiger Übelkeit (manche nennen deshalb ein Parabelflugzeug auch „Kotzbomber" oder auf Englisch „vomit comet"). Da in einer Erdumlaufbahn dauernde Schwere-losigkeit herrscht, tritt auch bei einem Raumflug am Anfang bei vielen

Astronaut*innen Übelkeit ein. Die Ursachen dafür sind aber unterschiedlich (beim Parabelflug schnell wechselnde Beschleunigungen, in Schwerelosigkeit unterschiedliche Reaktion der Gleichgewichtssinne auf Bewegungen, während der Körper in Schwerelosigkeit ist und der Verlust der vertikalen Orientierungsachse). Deshalb reagieren unterschiedliche Astronaut*innen auch unterschiedlich. Es gibt solche, die generell nicht empfindlich sind, solche, denen nur im Parabelflug übel wird, solche, die in der Erdumlaufbahn empfindlich sind, aber auch solche, die in beiden Situationen mit Übelkeit reagieren.

Die Übelkeit im Parabelflug tritt bei den meisten empfindlichen Mitfliegenden ab ca. der 15. Parabel auf. Deshalb werden bei sogenannten VIP-Flügen (Abb. 3.2), bei denen auch Politiker*innen, Künstler*innen oder andere Personen mitfliegen, meist nur 10 bis maximal 15 Parabeln geflogen – die meisten VIPs können dann von sich sagen, dass sie der Übelkeit beim Parabelflug trotzen…. Vermeiden kann man eine solche meist, wenn man während der erhöhten Beschleunigung sich und speziell seinen

Abb. 3.2 *„Formationsflug" von Teilnehmern eines „VIP-Parabelflugs".* (Foto: DLR)
Von links: Jan Woerner, damaliger Vorstandsvorsitzender des DLR, später der ESA; Jean-Francois Clervoy, französischer ESA-Astronaut und Präsident der Firma Novespace; Samantha Cristoforetti, italienische ESA-Astronautin; Alexander Gerst, deutscher ESA-Astronaut; der Autor; Peter Ramsauer, damals Bundesverkehrsminister

Kopf vor und nach der Schwerelosigkeitsphase nicht bewegt und auch in der Schwerelosigkeitsphase isolierte Drehbewegungen des Kopfes möglichst vermeidet, sondern den Kopf nur gemeinsam mit dem Körper dreht. Mir selbst hat dieser Trick bei den meisten (nicht bei allen…) Parabelflügen geholfen, ohne Übelkeit auch die üblichen 30 Parabeln zu fliegen. Bei den meisten Parabelflügen werden vorher Mittel gegen Erbrechen (z. B. Scopolamin als Spritze) angeboten und von den meisten Mitfliegern*innen (vor allem den Erfahrenen) auch gerne genommen. Bei Mitteln gegen Übelkeit sollte man übrigens wissen, dass man sie mindestens 30 min vor dem entsprechenden Ereignis einnimmt, weil sie kaum mehr wirken, wenn einem bereits übel ist.

Bei Parabelflügen werden nicht nur Astronaut*innen trainiert, mit Schwerelosigkeit umzugehen und darin zu arbeiten. Parabelflüge sind auch wichtige Testmöglichkeiten zur Erprobung neuer Geräte mit der Frage, ob diese auch in Schwerelosigkeit zuverlässig arbeiten. Parabelflüge werden auch von Wissenschaftler*innen zur Klärung von Fragen über die Einflüsse der Schwerkraft auf molekulare und zelluläre Funktionsweisen, auf Organsysteme, aber auch auf Materialien, Kristallisationsprozesse oder für andere wissenschaftliche Fragen verwendet. Dafür ist oft die jeweils nur etwa 20–30 s dauernde Schwerelosigkeit ausreichend.

Suborbitale Raumfahrt – „Raumfahrt" light

Um als Tourist*in in den „Weltraum" zu kommen und damit „Astronaut*in" zu sein, muss man es bis zu einer Höhe von über 80 km, besser über 100 km schaffen. Wie lange man in dieser Höhe bleibt, ist dann unerheblich. Theoretisch reicht auch ein Sekundenbruchteil. Ein solcher „Raumflug" dauert einschließlich Start und Landung minimal etwa zehn Minuten. Um die touristische Attraktivität zu erhöhen, ist dabei auch Schwerelosigkeit integriert: Bereits vor Erreichen der 80 bzw. 100 km Höhe wird der Antrieb abgestellt, dann fällt dieses „Raumschiff" zunächst nach oben und in einer Parabel wieder nach unten, sodass man während dieser einige Minuten dauernden Phase schwerelos ist. In diesen Höhen sieht man auch das Schwarz des Weltalls, den Sternenhimmel und die unter einem liegende dünne, blaue Luftschicht um die runde Erde. Man kann also direkt die Verletzlichkeit unseres Planeten sehen. Dann beginnt der Rückflug zur Erde.

Der Aufwand für diese Art von Raumfahrt ist vergleichsweise gering, man benötigt insbesondere keine Wiedereintrittstechnologie. Inzwischen (Stand Dezember 2021) hat die Firma Blue Origin dieses Geschäft begonnen

Abb. 3.3 *Start eines Suborbitalflugs der Firma Blue Origin. (Foto: Blue Origin)*

(Abb. 3.3), auch Virgin Galactic ist erstmals im Juni 2021 mit Touristen geflogen, der reguläre Betrieb wird aber frühestens Ende 2022 beginnen. Die Firma Virgin Galactic plant, ausgehend von touristischen Suborbitalflügen später interkontinentale Flüge anzubieten, sodass nicht nur Tourist*innen Schwerelosigkeit erleben und „im Weltraum waren", sondern auch Geschäftsleute gleichzeitig innerhalb kürzester Zeit von einem zum nächsten Kontinent transportiert werden können.

Jemand, der in dieser Weise „ins All" will, muss nicht trainieren, sondern nur minimale Gesundheitsstandards einhalten. Man rechnet, dass das Marktvolumen solcher Flüge, deren Kosten zur Zeit etwa 450.000 bis 550.000 Dollar betragen und die binnen weniger Jahre auf unter 50.000 Dollar pro Jahr sinken könnten, mehrere Millionen Passagiere pro Jahr betragen könnte. Allerdings sind das theoretische Werte, die – auch im Sinne des Klimas – hoffentlich Schönrechnerei sind.

Manche Menschen reagieren auf sich ändernde Beschleunigung mit Übelkeit – wie beim Autofahren oder bei Wellengang auf See – deshalb sollten Empfindliche lernen, in Phasen sich ändernder Beschleunigung den Kopf möglichst nicht zu bewegen und sollten vielleicht vor einem solchen Flug ein Medikament gegen Übelkeit einnehmen. Im Unterschied zum Parabelflug wird beim Suborbitalflug aber nur eine einzige, lange Parabel geflogen, sodass die Gefahr der Übelkeit deutlich geringer ist als beim Parabelflug. Ansonsten sollte man körperlich gesund und ohne erhöhtes Risiko für Notfälle sein. Richtiges Astronaut*innentraining benötigt man zwar nicht; da es

aber zum Spaßeffekt beiträgt, werden Teile davon zur Vorbereitung von Suborbitalflügen kommerziell angeboten.

Orbitale Raumfahrt – *auf zu neuen Ufern!*

Orbitale Raumfahrt unterscheidet sich grundsätzlich von suborbitaler
Raumfahrt. Das lässt sich schon am Preis für Touristen ablesen, der bisher
bei etwa 50 bis 70 Mio. US$ pro Person lag – also unvergleichbar höher als
für suborbitale Raumfahrt. Seit SpaceX im September 2021 eine gesamte
Mission mit vier nicht zu Astronaut*innen ausgebildeten Tourist*innen
(Gesamtpreis etwa 60 Mio. Dollar) für drei Tage in den Orbit geflogen hat,
beginnen auch diese Preise zu purzeln.

Wer ein professionelles Raumfahrttraining erfolgreich absolviert hat,
das erlaubt, anschließend in den Orbit zu fliegen, kann sich bereits
Astronaut*in nennen, bevor er oder sie den ersten Flug absolviert hat. Die
Astronaut*innenvereinigung „Association of Space Explorers" (ASE) nimmt
aber nur Personen auf, die mindestens einmal die Erde umkreist haben. Im
Umkehrschluss bedeutet das, dass nur Personen, die von der ASE als Mitglieder akzeptiert werden, „echte" Astronaut*innen sind.

Eine Rakete, die Astronaut*innen in den Orbit bringt, muss deshalb viel
leistungsfähiger sein als ein Transportgerät, das nur bis in 80 oder 100 km
Höhe fliegt und sich von dort wieder „zurückfallen" lässt. Ein Orbit
bedeutet eine Umkreisung der Erde in einem Raumfahrzeug. Um in einen
Orbit zu gelangen, muss man so weit nach oben gebracht werden und ohne
Antrieb so schnell fliegen, dass Höhe und Geschwindigkeit dazu ausreichen,
um die Erde zu fallen und somit schwerelos zu sein. Die zwischen 1981 und
2011 fliegenden Space Shuttles flogen je nach Aufgabenstellung in Höhen
zwischen 185 und 643 km Höhe. Dafür wurden dann Fluggeschwindig-
keiten zwischen 29.000 und etwa 27.000 km/h benötigt. Die Internationale
Raumstation fliegt in etwa 400 km Höhe in einer Bahnneigung von 51,6°
in östlicher Richtung. Würde die Station höher fliegen, dann wäre die
Strahlenbelastung der Astronaut*innen deutlich höher und ebenfalls wegen
der Strahlung die Lebensdauer von Elektronik und Mikrochips kürzer.
Außerdem würde sich die Gefahr der Kollision mit Weltraumschrott oder
Satelliten deutlich erhöhen. Bei niedrigerer Umlaufbahn würden die Erdanziehungskraft und Restatmosphäre dazu beitragen, dass eine Raumstation
schneller sinkt und somit häufiger angehoben werden müsste.

Die Bahnneigung stellt wie die Flughöhe einen Kompromiss dar:
Je größer der Neigungswinkel („Inklination") zum Äquator ist, desto

größere Teile der Erde können überflogen und damit auch beobachtet werden (mit 51,6° werden über 90 % der bewohnten Erdoberfläche überflogen). Bei höherer Bahnneigung würde man zwar mehr Erdbeobachtung machen können, aber beim Überflug des Südatlantiks länger durch die Südatlantische Anomalie fliegen und damit die Strahlenbelastung der Astronaut*innen deutlich erhöhen.

Alle Raumfahrtagenturen und -firmen versuchen, möglichst äquatornah zu starten. Deshalb sind Startplätze zwar in der Regel im eigenen Land, aber eben an einem möglichst äquatornahen Ort. Würde man an den Polen oder polnah starten, dann wäre die Drehgeschwindigkeit der Erde vernachlässigbar. In Äquatornähe ist man aber weit vom Zentrum der Drehachse der Erde entfernt; deshalb kommt einem die Erddrehung in Äquatornähe zu Hilfe, wenn man mit der Erddrehung, also in östlicher Richtung, startet. Sie beträgt in Äquatornähe 1670 km/h und nicht nur 0 km/h, wenn man polnah starten würde.

Ein Überflug um die Erde dauert in Raumstationshöhe etwa 93 min. In diesen 93 min hat sich dann aber die Erde weitergedreht; deshalb überfliegt man bei jedem Überflug eine andere Region und hat mit der Zeit die gesamte von 51,6° nördliche Breite bis 51,6° südliche Breite aus zu sehende Erde überflogen. Da jeweils auf der gegenüberliegenden Erdseite Nacht (bzw. Tag) herrscht, erlebt man so während 24 h auch 16 Sonnenauf- bzw. Untergänge. Da man diese sehr kurzen „Tage" nicht für Wach- und Ruhezeiten nutzen kann, hat man sich geeinigt, die Zeit auf der Internationalen Raumstation nach der Weltzeit UTC zu messen. Diese stimmt mit der Zeit in London – nicht aber mit der in Houston oder in Moskau – überein. Deshalb haben die Crews in den Kontrollzentren jeweils „Tages"-Schichten, die nicht mit der Ortszeit auf der ISS übereinstimmen. Für die europäischen Bodenmannschaften, die im Columbus Control Center in Oberpfaffenhofen bei München und im European Astronaut Center (EAC) in Köln die europäischen Astronaut*innen betreuen, ist dies wiederum günstig, da sie zu einigermaßen „normalen" Uhrzeiten ihre Schicht machen können.

Der typische Flug in den Orbit dauert etwa acht Minuten. Die Astronaut*innen sitzen dabei mit dem Rücken nach unten in ihren Sitzen, um die auftretenden Beschleunigungen gut verkraften zu können. Diese Beschleunigungen sind allerdings nicht sehr hoch, es treten jeweils kurz vor Abtrennen einer Stufe Beschleunigungsspitzen bis zu etwa 3,5 g auf, die nur jeweils wenige Sekunden andauern. Als unangenehmer empfinden Astronaut*innen heftige Vibrationen, die während des Abtrennens einer Raketenstufe auftreten. Noch vor wenigen Jahren dauerte die Annäherung an die Raumstation zwei bis drei Tage. Inzwischen koppeln die Sojuz-Raumschiffe bereits wenige Stunden nach dem Start an der ISS an, bei der Firma SpaceX dauert es bis zum Ankoppeln noch etwa einen Tag. Deshalb verzichtet man zumindest in Baikonur noch nicht darauf, kurz vor dem Start den Astronaut*innen einen Einlauf zu verpassen, damit bis zum Andocken kein größeres „Geschäft" nötig wird.

Um aus dem Orbit wieder zur Erde zurückzukommen, benötigt man eine Wiedereintrittstechnologie: Man ist ja mit etwa 28.800 km/h unterwegs. Wenn man sich mit dieser Geschwindigkeit der Erde nähert, stößt man mit immer mehr Luftmolekülen bzw. Plasma zusammen. Diese bremsen einerseits das Raumschiff ab, andererseits entsteht bei diesem Aufprall Hitze. Um diese Temperaturen von bis zu etwa 1800 Grad Celsius auszuhalten, müssen die entsprechenden Teile des Raumschiffs mit einem speziellen Hitzeschild versehen sein. Beschädigung dieses Hitzeschildes beim Start des Space Shuttle Columbia führte bei der Rückkehr zur Erde 2003 zu dessen Absturz.

Touristen, die ja auch in der Vergangenheit schon mit der Sojus-Rakete auf eine Raumstation geflogen sind, flogen in einem sogenannten „Taxiflug" mit der ankommenden Crew auf die Raumstation und einige Tage oder ein bis 2 Wochen später mit der Crew, die ausgetauscht wird, zurück. Berufs-astronaut*innen bleiben hingegen in der Regel für Monate oder noch länger im Orbit. In Zukunft werden Tourist*innen relativ komfortabel in privaten Raumschiffen in den Orbit, zur Internationalen Raumstation, zu Weltraum-hotels oder zu entfernteren Zielen fliegen können.

Fast alle Astronaut*innen, die in den Orbit fliegen, leiden in den ersten Tagen an Übelkeit. Manchmal gibt es auch Erbrechen ohne Vorwarnung, weshalb es üblich ist, in den ersten Tagen immer einen Beutel für Erbrochenes griffbereit mit sich zu führen. Da aber in der Regel die Arbeits-belastung am Anfang gering ist, damit sich die Astronaut*innen an die neue Umgebung gewöhnen können und da die Übelkeit nach ein paar Tagen verschwindet, stellt dies zumindest für länger dauernde Flüge kein großes Problem dar.

Landen Astronaut*innen nach einem Orbitalflug, dann erfahren sie zunächst eine Bremsbeschleunigung. Während die Beschleunigung beim Start nur – in Abhängigkeit davon, wieviel Raketenstufen vorhanden sind – kurze, jeweils wenige Sekunden dauernde Spitzen aufweist, steigt die Bremsbeschleunigung beim Landen für bis zu etwa 2 min bis auf das Vier- bis Sechsfache der Erdbeschleunigung. Gleichzeitig vibriert die Raumkapsel, insbesondere wenn die Bremsfallschirme geöffnet werden. Beim Landen leiden Astronaut*innen dann oft wieder an Übelkeit und ihr Kreislaufsystem ist insbesondere nach längeren Aufenthalten im All nicht mehr an die Erdschwerkraft gewöhnt. Da beim Ausstieg aus einer Raumkapsel die Weltpresse meist live dabei ist, sollen mit dem Sojus-System landende Astronaut*innen nicht selbst aufstehen, sondern werden getragen und in ein Zelt oder einen speziellen Bus gebracht, wo sie medizinisch untersucht werden, zunächst liegen und den Kopf nicht bewegen sollen, um sich nicht übergeben zu müssen. Dann sollen sie langsam prüfen, wie gut ihr Kreislauf das Stehen und Gehen beherrscht, damit sie der Weltöffentlichkeit präsentiert werden können. Bei einigen geht das ohne Probleme, insbesondere seit einigen Jahren, seit das Fitnesstraining auf der Raumstation stark verbessert wurde.

Ähnlich verhält es sich mit Astronaut*innen, die in der amerikanischen Crew Dragon-Kapsel landen. Diese Landung erfolgt im Atlantik, die gelandete Kapsel wird mit Hubschraubern geborgen und auf die Landeplattform gebracht, wo die Astronaut*innen dann die Kapsel verlassen. Bald wird diese Technik so ausgefeilt sein, dass die NASA die Genehmigung erteilt, dass Landungen nicht mehr im Wasser, sondern direkt auf einer Landeplattform erfolgen können.

Zum Weiterlesen

https://www.airzerog.com/de/
https://www.blueorigin.com
https://www.virgingalactic.com/
https://www.spacex.com
https://www.space-explorers.org
https://de.wikipedia.org/wiki/Wiedereintritt?oldformat=true

4

Technische Systeme

Raumfahrt erfolgt in eine menschenfeindliche extreme Umgebung. Um dahin zu kommen, dort gesund leben zu können und wieder zurück zu gelangen, benötigen wir Menschen spezielle technische Systeme, die im folgenden Kapitel beschrieben werden.

Raketen

Zum Transport in eine Umlaufbahn benötigt man Raketen (Abb. 4.1). In der astronautischen Raumfahrt werden sowohl Feststoff- als auch Flüssig-treibstoffraketen verwendet. Wegen ihrer hohen Beschleunigungskraft werden vor allem beim Start nicht schubsteuerbare Feststoffraketen als Booster oder als Rettungsraketen verwendet, während wegen der langen Brenndauer und der Steuerbarkeit für die Haupttriebwerke meist Flüssig-brennstoffraketen eingesetzt werden.

Saturn V und Space Launch System (SLS)

Der im Westen historisch bekannteste Raketentyp sind die US-amerikanischen Saturnraketen, mit denen die Mondlandungen der NASA ermöglicht wurden. Die dreistufige Saturn V-Rakete transportierte das Apollo-Raumschiff, die Mondlandefähre, das Service- und das Kommando-modul gleichzeitig in die Umlaufbahn und dann in Richtung Mond. Diese Raketen konnten 133 t in den Erdorbit und noch 50 t in den translunaren

R. Gerzer, *Astronautische Raumfahrt*, https://doi.org/10.1007/978-3-662-64740-0_4

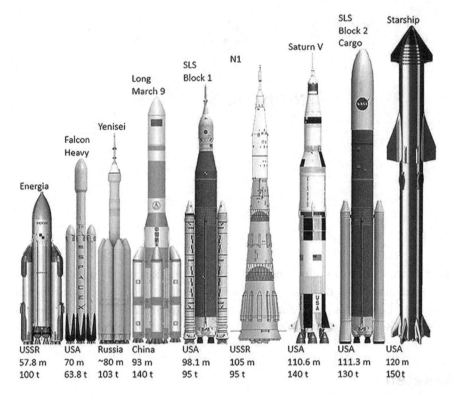

Abb. 4.1   Einige Raketentypen für die astronautische Raumfahrt im direkten Vergleich. *(Illustration: NASA)*
Mit Ausnahme von N1, Saturn V und Starship sind alle anderen Raketen zusätzlich zur zentralen Flüssigtreibstoffrakete mit Boosterraketen (Feststoff oder Flüssigtreibstoff) ausgestattet

Kurs schicken. Man kann heute sowohl im Kennedy-Space Center in Florida, im Johnson Space Center in Houston als auch im Marshal Space Center in Huntsville/Alabama eine solche riesige Rakete bestaunen.

Erst mit dem Ende der Space Shuttle-Ära begann die NASA wieder, in Raketen für astronautische Raumfahrt zu investieren. Neben Förderprogrammen für die Industrie, die die Entwicklung privater Transportsysteme unterstützen, arbeitet die NASA auch an einem eigenständigen System, das die Industrie im Auftrag der NASA entwickelt. Dieses System, Space Launch System (SLS; Abb. 4.2) genannt, soll Flüge zum Mond und später auch zum Mars ermöglichen. Diese Rakete soll ähnlich der Saturn V-Rakete bis zu 130 t in die Umlaufbahn bringen können.

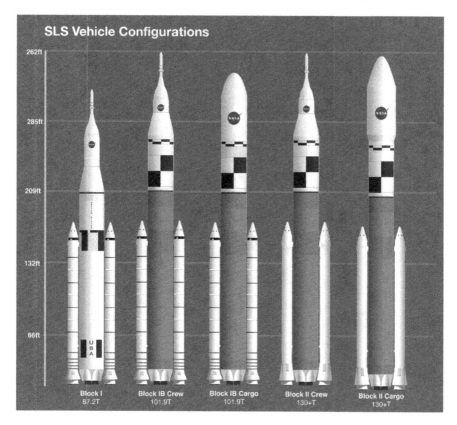

Abb. 4.2 *Geplante Rakete SLS der NASA. SLS soll schrittweise entwickelt werden.*
(Illustration: NASA)

Sojus und Angara

Die russischen Sojus-Raketen (Abb. 4.3) haben seit ihrem ersten Einsatz 1966 bereits über 1000 Flüge hinter sich (darunter mehrheitlich nicht-astronautische) und sind damit die meist-geflogenen Raketen in der Geschichte der astronautischen Raumfahrt. Diese Raketen bestehen aus je vier Boostern und zwei Stufen. Die astronautische Version kann bis zu drei Astronaut*innen im Raumschiff Sojus-M in den Orbit transportieren. Bei den Starts trägt die Sojus-Rakete zusätzlich ein Rettungssystem mit einer Feststoffrakete, die im Notfall die Kapsel mit den Astronaut*innen aus der Gefahrenzone bringt. Für unterschiedliche Einsätze werden verschiedene Versionen der Sojus-Rakete verwendet.

Sojus soll ab etwa 2025 durch die Serie Angara abgelöst werden. Zunächst sollen zwei Typen der Angara gebaut werden, eine leichtere Version für

Abb. 4.3 *Sojus-TMA-M Start Dez 2015. (Foto: Roskosmos)*
Unten vier Booster und an der Spitze ebenfalls eine kleine Rettungsrakete, im
Zentrum zwei Stufen der Flüssigbrennstoffrakete

Orbitalflüge mit etwa 14,4 t Transportkapazität. Eine stärkere Version mit
etwa 20 t Kapazität ist für Flüge zu Mond, Mars und ggfs. Lagrangepunkten
in Entwicklung. Weitere Pläne für Raketen (vom Typ „Jenissei") bis zu
190 t Transportkapazität für künftige Mondflüge sind ebenfalls in der
Konzeptionsphase.

Für künftige Flüge der Angara Rakete hat Russland inzwischen einen
neuen Startplatz weit im Osten Russlands gebaut. Der neue Raumflughafen
Wostotschny liegt nicht weit von der Südgrenze Russlands zu China und ist
etwa 6000 km von Moskau entfernt. Langfristig soll Wostotschny als Ersatz
für Baikonur dienen und damit die Abhängigkeit von Kasachstan beenden.

Falcon 9, Falcon heavy und Starship

Im November 2020 transportierte die Rakete Falcon 9 der Firma SpaceX von Elon Musk mit dem Crew Modul Dragon zum ersten Mal zwei Astronauten zur Raumstation. Dies war der erste astronautische Orbitalflug einer privaten Firma.

Die zweistufige Falcon 9 kann 22 t Nutzlast transportieren. Ihre unterste Stufe ist bis zu 10-mal wiederverwendbar. Bisher stürzten diese Stufen nach dem Start ins Meer, wo sie geborgen und für den nächsten Flug vorbereitet wurden. Inzwischen sind an dieser Stufe einklappbare Landebeine angebaut. Versuche, die Landung nun auf einer Landeplattform zu machen, sind bereits erfolgreich verlaufen. Damit könnte die Wiederverwendbarkeit der Falcon 9 auf mindestens 20 Flüge gesteigert werden.

Die schwerere Version Falcon 9 Heavy ist nicht für astronautische Flüge vorgesehen. Sie ist die derzeit schwerste verfügbare Trägerrakete mit über 60 t Transportkapazität. An der Falcon 9 sind dabei zusätzlich zwei Unterstufen (Abb. 4.4) angebracht, sodass die „erste Stufe" aus drei Flüssigbrennstoff-Unterstufen besteht, die alle wiederverwendbar sind.

Zusätzlich entwickelt SpaceX derzeit das zweistufige, voll wiederverwendbare Raketensystem Starship, das neben dem zunächst vorgesehenen Transport von Nutzlasten später auch Crews und Touristen in die Umlaufbahn sowie zum Mond und evtl. sogar zum Mars transportieren soll. Sie soll

Abb. 4.4 *Zwei wiederverwendbare Unterstufen der Rakete Falcon Heavy landen gleichzeitig auf der Landeplattform.* (Foto: SpaceX)

bis zu 100 t Nutzlast oder bis zu 100 Personen in die Umlaufbahn transportieren können. Auch die Nutzung für Suborbitalflüge über größere Strecken ist vorgesehen. Die NASA hat der Firma SpaceX den Zuschlag gegeben, das Starship-System dafür weiterzuentwickeln, Crews zum Mond und zurück zu bringen.

New Shepard und New Glenn

Die Firma Blue Origin des Amazon-Gründers Jeff Bezos hat das suborbital fliegende Raumschiff New Shepard entwickelt. New Shepard besteht aus einer wiederverwendbaren Flüssigtreibstoff-Rakete und Crew-Kapsel. Rakete und Triebwerk werden nach dem Start in etwa 76 km Höhe von der Kapsel getrennt. Die Kapsel selbst „fällt" dann weiter nach oben bis in über 106 km Höhe und landet später – ähnlich wie die Sojus-Kapsel – auf dem Land.

Blue Origin entwickelt auch eine Orbitalrakete, die New Glenn (Abb. 4.5). New Glenn ist eine zweistufige Rakete, deren Unterstufe wie bei New Shepard vertikal landen und voll wiederverwendet werden kann. Die Orbitalversion soll bis zu 45 t in die Umlaufbahn bringen können.

Als Treibstoff verwenden die Raketen von Blue Origin im Wesentlichen Sauerstoff und Wasserstoff, sodass die wesentliche Emission Wasser ist. Es ist erklärtes Ziel von Blue Origin, künftig CO_2-neutral zu fliegen. Bis dahin ist sicherlich noch ein weiter Weg, denn flüssiger Wasserstoff und Sauerstoff werden ja durch Elektrolyse mittels (bisher noch nicht grünem) Strom

Abb. 4.5 *Rakete New Glenn der Firma Blue Origin* (Blue Origin)

gewonnen und die Herstellung der Raketen selbst ist ebenfalls nicht CO_2-neutral. Aber zumindest die Richtung stimmt.

Ariane, Vega und Themis

Europa hat bisher kein eigenes Trägersystem für astronautische Raumfahrt. Das Ariane-Raketensystem wird im Auftrag der ESA von der Ariane-Group (50/50 % Konsortium von Airbus und Safran) gebaut. Die Ariane 5 mit bis zu 10,5 t Nutzlast brachte zwischen 2011 und 2015 fünf Europäische Nachschub-Module ATV zur Raumstation. Zurzeit ist das nicht wiederverwendbare Nachfolgemodell Ariane 6 mit 21 t Nutzlastkapazität in der Entwicklung.

Das Raketensystem Vega mit bis zu 2,3 t Nutzlast kann auch eine wiederverwendbare Plattform, den Space Rider, transportieren. Ein Space Rider kann bis zu 2 Monate in der Umlaufbahn bleiben und als Experimentplattform genutzt werden, aber keine Astronaut*innen transportieren.

Da inzwischen wiederverwendbare Raketen aus den USA die Preise für Raketenstarts dramatisch senken, hat die ESA noch vor Fertigstellung der Ariane 6 damit begonnen, auch die Entwicklung einer wiederverwendbaren Rakete in Auftrag zu geben. Diese Rakete, Themis, soll allerdings erst in den 2030er Jahren einsatzbereit sein und ebenfalls keine Astronaut*innen transportieren können.

Die Abschussbasis der ESA liegt äquatornah in Kourou in Französisch Guayana. Bisher ist nicht vorgesehen, von dort aus astronautische Flüge zu starten.

Langer Marsch und die Rakete 921

Chinas bisherige Raketen für astronautische Raumfahrt gehören zur Serie Langer Marsch (z.Zt. Langer Marsch 5B). Zurzeit ist ein neues dreistufiges System „Rakete 921" mit mindestens 25 t Nutzlast in Vorbereitung. Mit diesem sollen ab ca. 2030 auch astronautische Missionen zum Mondorbit sowie Landungen auf dem Mond durchgeführt werden.

GSLV Mk III

Indien plant frühestens im Jahr 2022, mit ihrer Rakete GSLV Mk III die Raumkapsel Gaganyaan mit drei Astronauten in eine Umlaufbahn zu schicken.

Dafür wurden bereits vier indische Luftwaffenpiloten im Sternenstädtchen bei Moskau ausgebildet.

Es passiert also derzeit sehr viel bei der Entwicklung von Raketen für die astronautische Raumfahrt. Zum einen wird durch wiederverwendbare Raketen der Zugang ins All deutlich verbilligt, zum anderen werden in unterschiedlichen Ländern neue und leistungsfähige astronautische Systeme gebaut. Europa ist auf diesem Markt inzwischen deutlich ins Hintertreffen geraten.

Treibstoffe

2020 flogen weltweit 114 Raketen in den Weltraum. Die meisten davon wurden für Satellitenmissionen gestartet, zehn davon flogen zur ISS. In den nächsten Jahren wollen aber private Weltraumtourismus-Anbieter Starts von Raketen vervielfachen. Raketenstarts werden aber in den nächsten Jahren vor allem wegen des steigenden Bedarfs an Kommunikationsmöglichkeiten sprunghaft ansteigen. So ist die Firma SpaceX dabei, das System Starlink zu etablieren, mit dem weltweiter Internetzugang möglich werden soll.

Schon der Raketenbau selbst ist bisher nicht klimaneutral. Bei Raketenstarts werden speziell von Feststoff-Boosterraketen hochgiftige Substanzen freigesetzt, beim Flug durch die Stratosphäre wird die Ozonschicht geschädigt, selbst wenn nur – wie von den Raketen der Firma Blue Origin – Wasser emittiert wird. Bisher spielen diese Effekte in der Gesamt-Umwelt- und Klimabilanz praktisch keine Rolle, denn Raketen in den Orbit tragen nur weniger als 0,01 % der Emissionen der gesamten Luftfahrt zur weltweiten CO_2-Bilanz bei [Gast]. Etwa 10 % davon sind durch astronautische Raumfahrt verursacht. Die Luftfahrt verantwortet etwa 2 % der gesamten CO_2-Emissionen. Bei einer utopischen Verhundertfachung künftiger Starts astronautischer Raketen würden also mit derzeitigen Treibstoffen deren Effekte bis zu 0,002 % der weltweiten CO_2-Bilanz betragen.

Um die Weiterentwicklung astronautischer Raumfahrt beschleunigen zu können, ist es sicherlich dringend notwendig, einerseits den gesamten Fußabdruck dieses Gebietes zu kennen und zu bepreisen und andererseits die Entwicklung umwelt- und klimafreundlicher Treibstoffe und Flugprofile (z. B. Unterbrechung oder zumindest Drosselung des Triebwerksbrennvorgangs beim Durchflug durch die Ozonschicht) massiv voranzutreiben. Aber ein Treiber des Klimawandels werden Raketenstarts für astronautische Raumfahrt voraussichtlich nicht werden.

In den USA und auch in Europa gibt es auf dem Gebiet umweltfreundliche Treibstoffe erste Erfolge. So entwickelt die NASA den emissionsarmen Treibstoff „Advanced Spacecraft Energetic Non-Toxic" (ASCENT), in Europa ist diese Fragestellung z. B. auch für das DLR ein zentral wichtiges Thema. Auch das DLR-Institut für Raumfahrtantriebe in Lampoldshausen arbeitet in enger Zusammenarbeit mit verschiedenen weiteren europäischen Instituten intensiv an diesem Thema.

Raumschiffe

Im Unterschied zu Raketen sind Raumschiffe für den Transport von Geräten oder Menschen außerhalb der Erdatmosphäre bestimmt und können selbst Bahnänderungen vornehmen. Meist ist beim Start ein Raumschiff an der Spitze einer Rakete befestigt und wird nach erfolgtem Transport in den Weltraum von dieser abgetrennt.

Seit jetzt die Privatindustrie an wiederverwendbaren Raketentypen arbeitet, werden auch Kombinationen von Rakete und Raumschiff entwickelt.

Sojus- und Federazija-Raumschiff

Seit Jahrzehnten transportiert Russland seine Kosmonaut*innen mit Sojus-Raumschiffen (Abb. 4.6) in die Umlaufbahn und zurück. Die Raumschiffe

Abb. 4.6 *Raumschiff Sojus TMA-7 mit Orbitalmodul (links), Besatzungsmodul (Mitte) und Servicemodul (rechts). (Foto: NASA)*

werden jeweils mit einem zusätzlichen Code gekennzeichnet. Zurzeit fliegt die Serie Sojus-M. Wegen des gleichen Namens der Sojus-Raketenfamilie gibt es gelegentlich Verwirrung zur Bedeutung von Sojus.

Das russische Raumschiff Sojus besteht aus drei Teilen: Servicemodul, Besatzungsmodul und Orbitalmodul. Beim Start ist zum Schutz der Sojus-Kapsel an der Spitze der Sojus-Rakete eine kleine Feststoff-Rettungsrakete befestigt, die nach erfolgreichem Start abgesprengt wird. Zusätzlich ist in der Verkleidung der Kapsel eine zweite Anordung von Rettungsraketen vorhanden. Beide Systeme haben je einmal, zuletzt im Oktober 2018, eine Besatzung gerettet, als sie notfallmäßig die Crewkapsel vor einem drohenden Absturz bzw. einer Explosion der Sojus-Rakete von dieser weg transportierten.

Im für die Crew nicht zugängigen Servicemodul befinden sich der Antrieb des Raumschiffs mit bis zu 900 kg Treibstoff, Akkumulatoren und weitere Servicegeräte. Außen sind zur Energiegewinnung zwei Sonnensegel angebracht.

Im mit einem Hitzeschild ausgestatteten Besatzungsmodul befinden sich drei Sitze für die Mannschaft. Dabei sitzt der/die Kommandant*in in der Mitte, der/die Bordingenieur*in links und der/die dritte Astronaut*in oder Tourist*in auf der rechten Seite.

Nach dem Start können die Astronaut*innen vom sehr beengten Besatzungsmodul aus auch in das Orbitalmodul umsteigen, das auch als Frachtraum genutzt wird und in dem sich eine Nottoilette und weitere Lebenserhaltungssysteme befinden. Von hier aus können die Astronaut*innen später über einen Andockstutzen an der Raumstation andocken und umsteigen. Für die Landung besitzt das Sojus-MS-Besatzungsmodul ein Hitzeschild, einen Bremsfallschirm, der sich in etwa 10–11 km Höhe öffnet und einen Hauptfallschirm, der sich in etwa 7,5 km Höhe entfaltet. Dann wird der Hitzeschild abgeworfen. Kurz vor der Landung in der kasachischen Steppe werden noch für Sekundenbruchteile Bremsraketen gezündet sowie die Sitze mit einer Federung nach oben gepresst, um den Aufprall und damit die Gefahr von Knochenbrüchen abzumildern.

Zurzeit entwickelt Roskosmos für die Rakete Angara das Raumschiffsystem Federazija bzw. Orel (gesprochen Ariol). Dieses viersitzige Raumschiff soll in zwei Versionen entwickelt werden: eine für den Erdorbit und zur künftigen Raumstation ROSS und eine für Flüge zum Mond.

Crew Dragon

Bei den neuen wiederverwendbaren amerikanischen Raumschiffen Dragon (Abb. 4.7) der Firma SpaceX besteht aus Besatzungs- und Servicemodul, ein Orbitalmodul fehlt. Es gibt dort also nur zwei Systeme, das für bis zu sieben Personen ausgerichtete Besatzungsmodul, von dem man in die ISS umsteigen kann und das an seiner hinteren Seite den Hitzeschild trägt, sowie das nicht begehbare und nicht unter Druck stehende Modul „trunk", das wie das russische Servicemodul Solarpanels und Radiatoren, Treibstoff und einen Antrieb besitzt. Crew Dragon hat bereits wiederholt Astronaut*innen zur ISS und zurück sowie Touristen in den Orbit und zurück gebracht. Im Unterschied zur russischen Sojus-Kapsel, die in der kasachischen Steppe landet, landet Crew Dragon zurzeit – ähnlich wie die früheren Apollo-Kapseln – mit Fallschirmen im Meer. Obwohl die vertikale Landung bereits funktioniert, darf Dragon bisher noch nicht auf einer Plattform landen.

Orion

Orion (Abb. 4.8) ist das wiederverwendbare viersitzige Raumschiff, das die NASA in Zusammenarbeit mit der ESA für die Rakete SLS baut. SLS und Orion sollen Crews in die Mondumlaufbahn bringen und den Crewaustausch an der neuen Raumstation Lunar Gateway durchführen.

Abb. 4.7 *Raumschiff Dragon 2 der Firma SpaceX kurz vor dem Andocken an der Internationalen Raumstation. (Illustration: SpaceX)*

Abb. 4.8 *Orion-Raumschiff der NASA. (Illustration: ESA)*
Das Service-Modul von Orion (untere Bildhälfte) wird von der ESA bereitgestellt

Das Servicemodul für Orion wird von der ESA in Europa in Auftrag gegeben und gebaut. Der Ersteinsatz des gesamten Systems ist für frühestens 2022 vorgesehen.

Crew-Kapsel für New Shepard

Das System New Shepard der Firma Blue Origin ist zunächst nur für Suborbitalflüge ausgelegt. Nach dem Start wird in etwa 76 km Höhe der Booster mit Triebwerk von der Crew Kapsel abgetrennt. Die Crewkapsel „fällt" dann noch bis in über 106 km Höhe nach oben bis zum Scheitelpunkt und dann bis zum Entfalten des Fallschirms wieder nach unten. Dabei dauert die funktionelle Schwerelosigkeit etwa drei Minuten, der gesamte Flug etwas über 10 min. Die Kapsel landet vertikal mit Airbags auf einem Landeplatz nahe der Startrampe. Diese wieder verwendbare und nur suborbital fliegende Kapsel benötigt keine Wiedereintrittstechnologie. Deshalb war es möglich, sie mit großen Panoramafenstern auszustatten.

Raumanzüge

Man unterscheidet drei Arten von Raumanzügen: Die Rettungsanzüge für Start und Landung sowie für gefährliche Situationen, die „Fluganzüge" für den Aufenthalt im Raumschiff, sowie die Anzüge für Weltraumspaziergänge.

Abb. 4.9 *Die Crew des Fluges Space Dragon Crew 2 in ihrem IVA-Anzug bei ihrem Aufbruch zur ISS. (Foto: NASA)*

ACES, IVA und SOKOL

Ein Anzug für Start und Landung sowie Notfälle muss Astronaut*innen möglichst lange am Leben halten. Diese Anzüge sind komplexe Überdruckanzüge aus feuerresistentem Material.

Der von NASA-Astronaut*innen im Shuttle-Programm getragene „LES" (Launch and Entry Suit), also der Raumanzug für Starts und Landungen, wurde inzwischen ersetzt durch den neu entwickelten „IVA Suit" (Intravehicular Activity Suit; Abb. 4.9) der Firma SpaceX.

Dieser Anzug IVA ist wie sein NASA-Vorgänger ACES ein Druckanzug aus feuerresistentem Material, der bei Start und Landung getragen wird. Er wird dann mit der Kapsel Dragon verbunden. Im Notfall könnte dann die Crew mit Sauerstoff versorgt werden.

Der russische SOKOL-Anzug, ebenfalls ein feuerfester Druckanzug, wird während des Starts, der Kopplung und der Landung im Sojus-Raumschiff getragen. Er wird beim Start ebenfalls mit der Sauerstoffversorgung verbunden (Abb. 4.10).

Fluganzug

Der im normalen Raumstationsalltag gelegentlich getragene Fluganzug (Abb. 4.11) ist ein aus dünnem feuerresistentem Material gearbeiteter

Abb. 4.10 *Alexander Gerst und Kollegen im SOKOL-Anzug vor dem Abflug zur Internationalen Raumstation am 06.06.2018.* (Foto: Roskosmos)

Overall, den die Astronaut*innen bei der Arbeit tragen können; sie tragen aber im normalen Alltag häufig private leichte Kleidung. Der Fluganzug wird aber häufig bei öffentlichen Auftritten getragen, um im Sinne des PR-Effekts klar zu zeigen, wer unter den Anwesenden Astronaut*in ist.

Der hinter ihm „stehende" Astronaut trägt, wie ohne Öffentlichkeitsauftritt allgemein üblich, private Kleidung. Er trägt ein Hawaii-Hemd. Das Foto wurde also wohl an einem Freitag aufgenommen, denn dann ist kurz vor dem Wochenende „Hawaii Shirt Friday".

Abb. 4.11 *Alexander Gerst präsentiert in seinem Fluganzug auf der ISS die Maus der Sendung mit der Maus. (Foto: ESA)*
Man sieht bei Alexander das in Schwerelosigkeit typische aufgedunsene Gesicht

EVA-Anzug – Hightech zum Überleben im Weltraum

Bei Weltraumspaziergängen, im Fachjargon EVA genannt (EVA steht für **E**xtra**V**ehicular **A**ctivity), wird ein spezieller Hightech-Anzug getragen. Ein EVA-Anzug ist ein unabhängiges Lebenserhaltungssystem, in dem sich Astronaut*innen über viele Stunden außerhalb des Raumschiffs aufhalten und – teils schwere – Arbeiten verrichten können.

Außerhalb eines Raumschiffs herrscht Vakuum. Würde man sich dort in der Raumstationsatmosphäre einer Atmosphäre Druck aufhalten, würde sich der Anzug wie ein Ballon aufblasen, man könnte sich nicht mehr bewegen. Der Druck in diesen Anzügen ist deshalb auf etwa 1/3 einer Atmosphäre gesenkt (im amerikanischen Anzug auf etwa 10.000 m Höhe, im russischen auf etwa 7000 m) und es wird reiner Sauerstoff geatmet. Um sich an diesen Druck anzupassen, müssen insbesondere Astronaut*innen, die den amerikanischen EVA-Anzug nutzen, vor einem Ausstieg für einige Stunden reinen Sauerstoff atmen, um vor der Drucksenkung im Körper gelösten Stickstoff abzuatmen und somit eine Dekompressionskrankheit zu verhindern.

Die Sonnenstrahlung heizt Oberflächen bis auf 120 Grad Celsius, im Schatten kühlt sich eine Oberfläche auf minus 100 Grad ab. Ohne Gegenmaßnahme würde man also auf der Sonnenseite „verdampfen", auf der Gegenseite „tiefgefroren". Außerdem kann im Weltraum Wärme nicht über Konvektion abgegeben werden. Deshalb befindet sich in einem Unteranzug ein Schlauchsystem, in dem kaltes Wasser zirkuliert, um die Körperwärme des/der Astronauten*in überall gleich zu halten.

Eines der Probleme mit diesen Anzügen ist, dass man trotz des Schutzes gegen den Weltraum auch mit Fingerfeinfühligkeit arbeiten können sollte. Die Fingerkuppen der Handschuhe bestehen deshalb aus Gummikappen, die gewisse Feinfühligkeit erlauben. Allerdings gab es in der Vergangenheit mehrmals Probleme an den Fingerkuppen. Man kann nur dann taktil gut arbeiten, wenn man die Fingerkuppen unter Druck intensiv gegen die entsprechende Oberfläche drückt. Dass deshalb auch mal ein Fingernagel nach einer EVA abgehebelt war und sich ablöste, kam in der Vergangenheit leider immer wieder vor.

Der Druckunterschied zwischen dem Raumanzug und dem Weltraum hätte beim ersten Weltraumspaziergang von Alexei Leonov 1965 beinahe zu einer Katastrophe geführt, weil damals der Druckunterschied zwischen Anzuginnerem und Weltraum zu groß war, sich der Anzug dehnte und deshalb Leonov im letzten Augenblick (entgegen den Vorschriften) vom Anzug Druck abließ, sodass er sich dann doch durch die Luke in die Schleuse des Raumschiffs quetschen konnte. Dies führte damals sowohl bei den Sowjets als den Amerikanern dazu, dass von da ab während EVAs der Druck auf 7000 bzw. 10.000 m Höhe gesenkt und reiner Sauerstoff geatmet wird.

Ein anderes Beinahe-Unglück passierte dem italienischen ESA-Astronauten Luca Parmitano 2013. Während er außen arbeitete, bemerkte er, dass sich sein Helm mit Wasser füllte. Da Schwerelosigkeit herrschte, schwebte das Wasser im Helm und erschwerte das Atmen. Er konnte noch rechtzeitig den Außeneinsatz abbrechen, bevor er in diesem wenigen Wasser ertrunken wäre. Der Grund war gewesen, dass das wassergefüllte Kühlsystem ein Leck hatte und somit immer mehr Wasser in den Helm nachströmte.

EMU und Orlan

NASA-, JAXA- und ESA-Astronaut*innen benutzen für Weltraumspaziergänge den EMU („Extravehicular Mobility Unit"; Abb. 4.12). Das harte Oberteil beinhaltet nicht nur die Schutzkleidung für Rumpf und Arme, sondern auch das Lebenserhaltungssystem. Das Unterteil besteht aus einer mehrlagigen Schutzkleidung und ist flexibel. Handschuhe und Helm sind ebenfalls separat.

Bevor der eigentliche Anzug angelegt wird, wird eine Art von Windel angezogen (MAG für „maximum absorbance garment"), evtl. eine lange

Abb. 4.12 *Der ESA-Astronaut Luca Parmitano im EMU-Anzug der NASA während eines Weltraumspaziergangs 2019.* *(Foto: NASA)*

Unterhose sowie das „liquid ventilation and cooling garment" (LVCG), in dem in Schläuchen Wasser zur Temperaturkontrolle fließt und ein Ventilationssystem eingebaut ist. Dann kommt das Unterteil und schließlich mithilfe von Kolleg*innen das Oberteil. Als nächstes werden Kopfhörer und Mikrofon angebracht, dann der Helm aufgesetzt und die Handschuhe angezogen.

Da im Weltraum kein Druck herrscht, wird – seit dem Beinahe-Unglück des Kosmonauten Leonov – der Druck im Anzug auf etwa 0,3 bar (entspricht etwa dem Luftdruck in 10 km Höhe) reduziert, damit sich der Anzug im Vakuum nicht zu sehr aufbläst und Arbeiten nicht zu schwer fällt. Im Ausgleich atmet man dann reinen Sauerstoff. Da eine schnelle Druckänderung zur Taucherkrankheit führen würde – der im Körper gelöste Stickstoff könnte wie beim Öffnen einer Mineralwasserflasche Gasblasen bilden – muss für bis zu vier Stunden vor Beginn der EVA-Aktivität reiner Sauerstoff vorgeatmet werden, damit in dieser Zeit möglichst viel des im Körper gelösten Stickstoffs abgeatmet wird. Als Alternative können Astronaut*innen vor einer EVA in der Schleusenkammer bei abgesenktem Druck und erhöhtem Sauerstoff übernachten.

Die maximale Arbeitszeit während eines Außeneinsatzes beträgt etwa acht Stunden. Zur Vorbereitung und zum Test, ob das Arbeitspensum geschafft werden kann, muss vor einer EVA intensives Fitness-Training der Arm- und Schultermuskulatur betrieben werden. Im Anzug ist ein Trinkwasserbeutel angebracht, sodass Astronaut*innen auch während des Außeneinsatzes etwas trinken können.

Der russische Orlan-Anzug (Abb. 4.13) für Weltraumspaziergänge besteht aus einem Stück. Das am Rücken befestigte Versorgungsmodul ist aufklappbar, man kann von hinten in den Anzug steigen. Während es etwa eine halbe Stunde dauert, bis man den amerikanischen EMU-Anzug fertig angezogen hat, dauert dies beim ORLAN nur etwa fünf Minuten. Der Druck in diesem Anzug ist mit etwa 0,4 bar etwas höher als im EMU-Anzug. Das Arbeiten im Vakuum erfordert deshalb mehr Kraft. Allerdings ist mit diesem Anzug wegen des höheren Drucks nur eine Voratemzeit mit Sauerstoff von 30 min erforderlich, um einer Dekompressionskrankheit vorzubeugen. Mit diesem Anzug kann man bis zu sechs Stunden im Vakuum arbeiten.

Abb. 4.13 *Russischer Raumanzug ORLAN.* *(Foto: Roskosmos)*

Raumstationen

Allgemein

Raumstationen ermöglichen Astronaut*innen einen Aufenthalt im Weltraum über längere Zeit. In der lebensfeindlichen Umwelt des Alls sind Raumstationen also vor allem Oasen mit einem Lebenserhaltungssystem, in denen Menschen über längere Zeit gesund und sicher leben und arbeiten können. Da der Transport von Nachschubmaterial sehr teuer ist, muss eine Raumstation möglichst autonom existieren können, das heißt, Luft revitalisieren und Wasser rezirkulieren lassen und Energie möglichst von der Sonne beziehen. Eine Raumstation schützt gegen die extreme Umwelt im Weltraum: Außen herrscht temperaturloses Vakuum, aber an sonnenbeschienenen Oberflächen eine Temperatur bis zu 120 Grad Celsius, an Oberflächen im Schatten dagegen bis zu minus 100 Grad. Die Strahlung in Höhe einer die Erde umkreisenden Raumstation beträgt ein Vielfaches derer auf der Erde. Einige Strahlenarten sind so hochenergetisch, dass Abbremsung durch die Raumschiffwand Sekundär- und Tertiärteilchen erzeugt, die sogar die Strahlengefährdung erhöhen können. Sonneneruptionen können im Extremfall so massiv ausfallen, dass der Schutz der normalen Raumschiffwand nicht ausreicht, die Astronaut*innen in eine schützende Rückkehrkapsel steigen und gegebenenfalls auch eine Sicherheitslandung machen müssten. Rückkehrkapseln bieten wegen ihres dicken Schutzschildes für den Wiedereintritt den besten Strahlenschutz. Sie werden gelegentlich auch bei Gefährdung durch drohenden Einschlag von Weltraumschrott aufgesucht. Auf der ISS sind auch die Schlafkojen und Teile der russischen Module („hinter den Batterien") besser gegen Strahlung geschützt als die übrigen Anteile der Station.

Zur Versorgung mit Energie haben Raumstationen große Solarpanele. Die in einer Raumstation zum Betrieb der vielfältigen Geräte benutzte Energie wird zum Teil in Abwärme verwandelt, die nicht nur die Raumstation heizt, sondern in so hoher Menge erzeugt wird, dass zur Vermeidung von Überhitzung außen auch riesige sogenannte Radiatoren angebracht sind, die die überschüssige Wärme in die Umgebung abgeben. Da dort nicht Luftmoleküle die Abwärme aufnehmen können, erfolgt die Wärmeabgabe nur über Infrarotstrahlung und nicht über Wärmekonvektion; das erklärt, warum die Radiatoren nötig und so groß dimensioniert sind.

Die Luft- und Wasseraufbereitung in einer Raumstation sind sehr komplex. Da beide lebensnotwendigen Ressourcen über Jahre immer

wieder neu aufbereitet werden, muss, um gesundheitliche Schäden zu vermeiden, eine Anreicherung von Schadstoffen ausgeschlossen sein. Auf
der Internationalen Raumstation sind zwei unabhängig voneinander
arbeitende Systeme zur Wasser- und Luft-Wiederaufbereitung installiert.
Urin wird zunächst zentrifugiert, um Luftblasen loszuwerden. Dann wird
er gemeinsam mit Brauchwasser und aus der Luft ausfiltriertem Schweiß
über mehrere Schritte gefiltert und durch Katalysatoren von Fremdstoffen
befreit, bis das Wasser wieder trinkbar ist. Zur Rückgewinnung von Luft
wird einerseits Wasser mittels Elektrolyse in Wasserstoff und Sauerstoff auf-
getrennt; der Sauerstoff wird der Luft zugegeben. Zusätzlich wird das bei der
Atmung entstehende Kohlendioxid mit Wasserstoff über einen Katalysator
zu Wasser und Methan umgewandelt. Wasser wird dann entweder direkt
weiterverwandt oder über Wasserstoffabspaltung zur Sauerstoffproduktion
verwendet. Das entstandene Methan wird in den Weltraum abgelassen.
Nachschubkapseln bringen regelmäßig Wassernachschub, um die Verluste
auszugleichen.

Da innerhalb einer Raumstation Schwerelosigkeit herrscht, besteht immer
die Gefahr, dass sich ohne Luftzirkulation ausgeatmetes Kohlendioxid in
einer „CO_2-Glocke" um den Kopf des/der Astronauten*in ansammelt
(vgl. Abb. 4.14) und eine CO_2-Vergiftung verursacht. Deshalb muss an
allen Stellen einer Raumstation stets ein gewisser Luftzug herrschen. Die
Astronaut*innen müssen auch lernen, Symptome einer CO_2-Vergiftung
(wie Kopfschmerzen, Schwitzen, beschleunigte Atmung und/oder Verwirrt-
heit) zu kennen, damit sie nicht versehentlich in einer selbst verursachten
CO_2-Glocke ersticken. Falls irgendwo zu wenig Luftzug herrscht, kann dies
mittels eines der vielen vorhandenen Ventilationsschläuche behoben werden.

Eine Raumstation muss auch gegen Vibrationen geschützt sein.
Eine Raumstation, selbst die ISS, ist ja ein schwebender Körper, der in
Schwingung geraten kann. Dadurch können technische Fehler bis hin zum
Auseinanderbrechen von Strukturen verursacht werden. Vibration vermeiden dient also einerseits der Sicherheit der Astronaut*innen. Andererseits
stören selbst kleine Vibrationen die Schwerelosigkeit, in der Eigenschaften
von Materialien oder Reaktionen wie Kristallisation ohne den störenden
Einfluss jeglicher Beschleunigung erforscht werden. Da in einer Raumstation (wie beim Parabelflug) nie vollständige Schwerelosigkeit zu erreichen
ist, spricht man in der Wissenschaftssprache nicht von Schwerelosigkeit,
sondern von Mikrogravitation in einer Raumstation.

Man hört statt Mikrogravitation auch gelegentlich den Ausdruck „Mikro-
gravidität", was allerdings falsch ist, Mikroschwangerschaft (was es nicht
gibt) bedeutet und bei Fachleuten immer mal wieder für Schmunzeln sorgt.

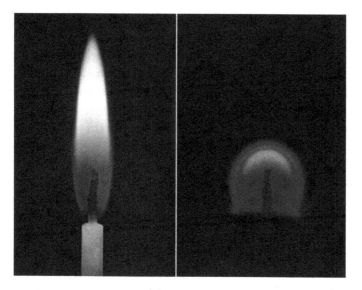

Abb. 4.14 *Flamme einer brennenden Kerze auf der Erde und in Schwerelosigkeit.*
(Foto: NASA)
Auf der Erde wird durch den Brennvorgang Luft erhitzt und steigt deshalb nach oben, von unten strömt kalte Luft nach (Konvektion): Eine typische Flamme entsteht. In Schwerelosigkeit wird die Luft zwar auch erhitzt, es gibt aber kein Oben oder Unten: Die Verbrennungsprodukte diffundieren weg und neuer Sauerstoff diffundiert entlang des Konzentrationsgradienten zur Flamme. Dadurch verläuft der Verbrennungsprozess deutlich verlangsamt, die Flamme ist rundlich
Ähnliches passiert beim Menschen mit der Atemluft: Die Temperatur des Menschen ist wärmer als die Umgebungstemperatur, deshalb erzeugt der Mensch auf der Erde einen Luftzug um den Körper von unten nach oben, der wie eine brennende Kerze ausgeatmetes CO_2 weg- und frische Luft hertransportiert. In Schwerelosigkeit gibt es aber nur Diffusion; der/die Astronaut*in kann ohne zusätzlichen Luftzug in einer nun entstehenden „CO_2-Glocke" ersticken

Ähnlich geht es einem, wenn jemand „Mikrogravität" sagt, was ja Mikro-Erhabenheit bedeutet (und, weil man ja schwebt, wenigstens so ein bisschen mit Schwerelosigkeit zu tun hat...).

Seit der Erfahrung auf der Sojus-11-Mission, die beim Fitnesstraining der Astronauten in Schwingung geraten war, werden mit hohem technischem Aufwand Vibrationsdämpfungs-Systeme gebaut und sind auch heute selbstverständliche und zentrale Komponenten von Fitnessgeräten auf einer Raumstation. Zusätzlich sind wissenschaftliche Geräte häufig mit eigenen Vibrationsdämpfungs-Systemen ausgerüstet.

Eine Raumstation ist ein mit einer Vielzahl von Geräten ausgestattetes System. Diese sind nicht immer leise: bei Aufenthalten auf der MIR-Station hatten einige Astronaut*innen wegen des Dauerlärms Hörschäden erlitten. Seither tragen die Astronaut*innen auch auf der ISS beständig individuell Messgeräte, die die Lautstärke an der Person aufzeichnen, Gesamtdosen messen und notfalls ermöglichen, einzelnen Astronaut*innen Arbeiten in lauter Umgebung zu verbieten. Bei Arbeiten in sehr lauter Umgebung wird seit den Erfahrungen auf der MIR-Station Gehörschutz getragen.

Zu einem geschlossenen Lebenserhaltungssystem gehören auch die Versorgung mit Nahrung und Getränken, eine funktionierende Toilette sowie Hygienemaßnahmen und Abfallentsorgung. Essen wird in Nachschubkapseln mitgebracht und Trinkwasser, sobald das jeweils mitgebrachte frische Wasser nicht mehr ausreicht, über das raumstationseigene Regenerationssystem rezirkuliert. Fließendes Wasser wäre in Schwerelosigkeit eine Gefahr für die Technik, weil Tropfen nicht auf den Boden fallen, sondern einfach bis zur nächsten Oberfläche weiterfliegen und dann zerplatzen können, dann als kleinere Tropfen wieder weiterfliegen und letztlich Nebel bilden können. Dies stellt für elektronische Systeme ein hohes Sicherheitsrisiko dar und ist ein wesentlicher Grund dafür, dass Astronaut*innen auf einer Raumstation bisher nicht duschen, sondern sich mit feuchten Tüchern waschen. Ich gehe davon aus, dass sich die Privatindustrie schon in den nächsten Jahren eine gute Lösung ausdenkt, um Touristen in einem Space-Hotel den Komfort einer Dusche anbieten zu können.

Zum Wasserlassen in Schwerelosigkeit benutzt man auf der ISS einen Schlauch mit Adapter, der nach dem Anschalten den Urin mit leichtem Unterdruck ansaugt (Abb. 4.15). Der gesammelte Urin wird später aufgearbeitet und als Frischwasser wiederverwendet. Stuhl wird mit etwas Unterdruck in einem Plastikbehälter gesammelt, der dann luftdicht verpackt wird und zum übrigen Abfall in eine Rückkehrkapsel kommt. Diese verglüht dann beim Wiedereintritt in die Erdatmosphäre.

Internationale Raumstation

An der Internationalen Raumstation (ISS; Abb. 4.16) sind einschließlich der ESA-Mitgliedsländer, die am astronautischen Programm der ESA teilnehmen, 16 Nationen beteiligt. Die ISS umkreist in etwa 400 km Höhe mit einer Bahnneigung von 51,5 Grad zum Äquator mit etwa 28.800 km/h in 93 min einmal die Erde. Mit ihren 420 t Masse ist sie, wenn sie sichtbar ist, der größte sichtbare „Stern" am Abend- oder Morgenhimmel. Da sie nur dann sichtbar ist, wenn sie von der Sonne beschienen wird, ist sie

Abb. 4.15 *Toilette auf der ISS. (Foto: NASA)*

spätnachts nicht sichtbar, selbst wenn sie dann direkt über einem fliegt. Bis 2018 kosteten der Bau und Betrieb bereits über 100 Mrd. £. Die ISS ist seit November 2000 dauernd von Astronaut*innen bewohnt. Der Betrieb ist vertraglich bis 2024 gesichert.

Es dürfen immer nur so viele Astronaut*innen gleichzeitig auf der ISS sein, wie im Notfall auch zur Erde zurücktransportiert werden können. Seit private Raumkapseln an die Station andocken, konnte deshalb diese Zahl auf derzeit 7 Astronaut*innen erhöht werden; ist gerade eine zusätzliche Kapsel zum Austausch einer Crew angedockt, können kurzzeitig auch mehr Personen dort sein.

Die ISS misst 109 × 73 m. Sie hat inzwischen acht Andockplätze, sodass reger Verkehr zur und von der Station möglich ist. Der russische und der westliche Teil sind ebenfalls über einen Andockpunkt verbunden und sind

Abb. 4.16 *Internationale Raumstation ISS (ca. 2010). (Foto: NASA)*
Am oberen Ende („vorne, in Flugrichtung") rechts das Europäische Columbus-Modul,
in der Mitte. die amerikanischen Module und links oben das japanische Modul Kibo.
Man kann vorne auch gut den Canadarm sehen. Hinter der Außenstruktur mit ihren
riesigen Sonnenkollektoren (außen) und Radiatoren (innen) die russischen Anteile.
Aufgrund der Form der Module kann man erkennen, welche Module mit dem Space
Shuttle antransportiert wurden (vorne) und welche mit einer Proton-Rakete (hinten)

inzwischen nicht mehr getrennt betreibbar, was eine Herausforderung für den Betrieb nach 2024 darstellt, wenn die bisherigen gegenseitigen Kooperationsverträge auslaufen.

Sowohl auf der russischen als auch auf der amerikanischen Seite befinden sich je ein Lebenserhaltungssystem, Steuerungsmodul, eine „Küche", eine Toilette sowie Schlafkabinen.

Luftdruck und Luftzusammensetzung auf der Internationalen Raumstation entsprechen etwa den Bedingungen auf der Erde (Druck 14 psi; 21 % Sauerstoff, 79 % Stickstoff).

Jede/r Astronaut*in hat auf der ISS eine individuelle, gut lärmisolierte Schlafkabine, in die man sich auch zurückziehen kann, was aus psychologischen Gründen sehr wichtig ist. In der ISS, die ja sehr geräumig ist, kann man aber auch an anderen Plätzen übernachten und seinen „Schlafsack" irgendwo befestigen. Auch diese Möglichkeit wird gerne wahrgenommen, da sie Abwechslung bietet und ein „Camping" in neuer Umgebung ermöglicht.

Für Außenbordarbeiten und robotische Manöver steht der Canadarm zur Verfügung. Beide Segmente – das russische und das NASA-ESA-JAXA-CSA-Segment – haben je eine Schleuse, aus der Astronaut*innen zu Weltraumspaziergängen aussteigen können. Die Energieversorgung erfolgt über riesige Solarmodule, die Wärmeabfuhr über ebenfalls riesige Radiatoren.

Da die ISS täglich etwa 100 bis 200 m an Höhe verliert, muss sie alle paar Monate durch eine Nachschubkapsel, die den entsprechenden Treibstoff mitbringt, um etliche Kilometer angehoben werden. Kurzfristige Drehmanöver oder Ausweichen vor einem drohenden Zusammenprall mit einem größeren Weltraumschrottteil kann die Raumstation selbst durchführen. Zu den verschiedenen Modulen gehört als Highlight die sogenannte Cupola, eine Plattform mit großen Fenstern, die herrliche Rundum-Aussichten ermöglicht und über die Sichtkontakt mit den Astronaut*innen bei Außenbordarbeiten sowie Steuerung des Canadarms möglich wird.

Die ISS ist so ausgerichtet, dass man von der Cupola aus immer zur Erde blickt. Um dies zu gewährleisten, ist permanent eine Richtungskorrektur erforderlich, damit sich beim Umlauf um die Erde auch die ISS stets mit dreht. Dabei werden auch die Sonnenkollektoren immer automatisch in Richtung Sonne ausgerichtet.

Nach Ende der Nutzung wird der Deorbit erfolgen. Teile, die beim Wiedereintritt aufgrund der Größe nicht verglühen, werden gezielt im Pazifik in einem von Schiffen nicht befahrenen Sperrgebiet zum Absturz gebracht.

Pläne für künftige Raumstationen

Lunar Gateway

Als Nachfolger der Internationalen Raumstation planen die NASA, ESA, JAXA (Japan) und CSA (Kanada) die gemeinsame nicht permanent bewohnte Station Lunar Gateway (Abb. 4.17), die ab etwa Mitte der 2020er Jahre den Mond umkreisen soll. Russland hat Anfang 2021 seine Beteiligung abgesagt.

Die Station soll in einer Mondumlaufzeit von 6,5 Tagen zwischen einer Region in der Nähe des Erde-Mond-Lagrangepunktes L2 etwa 70.000 km hinter dem Mond und etwa 1500 km über dem Nordpol des Mondes rotieren.

Da die Station fast senkrecht auf der Verbindungslinie Mond – Erde rotieren wird, ist eine dauerhafte Verbindung zur Erde möglich.

Abb. 4.17 *Konzept von Lunar Gateway. (Illustration: NASA)*

Als erstes wird ein „Power and Propulsion Element" zur Energie- und Stromversorgung mit Solarmodulen und Triebwerken zusammen mit einem kleinen Wohnmodul in diese Mondumlaufbahn geschickt. Dann sollen für je 6 bis 12 Monate ein Raumfrachter Dragon XL und schließlich ein größeres Wohnmodul dauerhaft andocken. Diese Station wird also wesentlich kleiner sein als die ISS. Eine große Herausforderung z. B. für die Installation von Fitnessgeräten, die derzeit in der ISS Platz finden, aber für Lunar Gateway bisher zu klobig sind.

Es ist geplant, auf dieser Station zum einen Forschung in verschiedenen Bereichen zu betreiben, außerdem soll Fernerkundung des Mondes stattfinden, incl. der Detailerkundung möglicher Plätze für eine künftige Mondstation, sowie der Mondrückseite. Lunar Gateway soll auch als Ausgangspunkt für Mondlandungen sowie zur Vorbereitung für künftige Missionen zu Asteroiden und zum Mars dienen. Im ursprünglichen Konzept sollte Lunar Gateway vor allem dazu genutzt werden, von dort aus mit robotischen Missionen Asteroiden abzulenken und in eine Mondumlaufbahn zu bringen. Dort sollten die umgelenkten Asteroiden dann mittels astronautischer Flüge von Lunar Gateway aus besucht und nach ihrer Tauglichkeit für die Gewinnung von Rohstoffen wie Wasser oder seltener Metalle untersucht werden. Gleichzeitig sollten Möglichkeiten getestet werden, um im Notfall Asteroiden auf Kollisionskurs mit der Erde ablenken oder zerstören zu können, sodass die Erde nicht getroffen wird. Die Wucht eines Aufpralls eines solchen Asteroiden könnte ja der Wucht eines Einschlags einer Atombombe ähneln. Trifft es dabei eine Großstadt, kann diese ausgelöscht werden. Der damalige US-Präsident Trump stoppte 2017 diese Überlegungen und fokussierte das Programm auf künftige Mond- und Marsexploration.

Neue russische Raumstation

Russland plant als Nachfolger seines Teils der ISS ab 2025 die neue Raumstation ROSS (Abb. 4.18) in der Umlaufbahn zu etablieren. Auch sie soll nicht permanent bewohnt sein. Ihre Umlaufbahn mit einer Bahnneigung von 98 Grad wird es auch erlauben, die gesamte Arktis zu beobachten. Sie soll sowohl von Baikonur als von Wostotschny und mit nichtastronautischen Nachschubraketen auch vom nördlicher gelegenenStartplatz Plesetzk aus erreichbar sein. Aufgrund der hohen Inklination wird die Strahlenbelastung der ROSS-Kosmonaut*innen deutlich höher sein als die bisheriger ISS-Besatzungen.

Neue chinesische Raumstation

China betreibt seit Jahren das eigenständige Programm Tiangong („Himmelspalast") zur Etablierung einer chinesischen Raumstation. Nach Tiangong 1 und 2 ist China zur Zeit dabei, die „große modulare chinesische

Abb. 4.18 *Geplante russische Raumstation ROSS. (Illustration: Roskosmos)*

Abb. 4.19 *Geplante „große modulare Chinesische Raumstation" Tiangong 3. (Illustration: Chines. Raumfahrtagentur)*

Raumstation" Tiangong 3 (Abb. 4.19) zu errichten. Diese Station soll ein Kern- sowie zwei Wissenschaftsmodule und ein frei fliegendes Weltraumteleskop (ohne von Menschen verursachte Vibrationen, aber durch Menschen reparierbar) enthalten. Sie soll zunächst von drei Astronaut*innen (bzw. Taikonaut*innen) ständig bewohnt sein. Zusätzlich gibt es den Plan einer Erweiterung, woraufhin dann bis zu sechs Menschen auf der Station leben könnten.

China arbeitet in der astronautischen Raumfahrt nicht mit der NASA zusammen; eine solche Zusammenarbeit ist seit Jahren durch die US-Regierung untersagt. Es gibt aber seit Jahren gute Zusammenarbeit von China nicht nur mit Russland, sondern auch mit der ESA und dem DLR. Vor internationalen Kongressen in China warnten mich jeweils NASA-Kolleg*innen, auf keinen Fall mit einem geschenkten Stick Daten chinesischer Kolleg*innen auf meinen Laptop aufzuspielen – da würde dann sicher Spionage-Software überspielt. Sie wunderten sich auch sehr, dass wir Europäer alle wichtigen Daten auf unseren Laptops dabei hatten, wenn wir in China waren. Ihnen war das streng verboten. Als ich dann im DLR nach entsprechenden Vorsichtsmaßnahmen fragte, die ich für Mitarbeiter*innen meines Instituts treffen solle, war man sich eines evtl. Sicherheitsrisikos nicht bewusst und verwundert über meine Nachfrage.

Raumstationen der Firma Axiom Space

Die erst 2016 gegründete Firma Axiom Space hat sich zum Ziel gesetzt, die weltweit erste private Raumstation in der Erdumlaufbahn zu positionieren. Zunächst hat die Firma von der NASA die Erlaubnis, eigene Module an der Internationalen Raumstation anzukoppeln. Dies ist ab 2024 vorgesehen. Bereits 2022 ist geplant, dass ein erster privater etwa einwöchiger Raumflug zur ISS mit vier Astronaut*innen von Axiom Space in Zusammenarbeit mit SpaceX durchgeführt wird. Nach dem Ende der russisch-amerikanischen Zusammenarbeit auf der ISS ist geplant, dass der Betrieb der amerikanischen ISS-Seite zunehmend von Axiom Space übernommen wird.

Die Axiom-Module sollen schrittweise ausgebaut und auch mit einem eigenen Lebenserhaltungssystem ausgestattet werden. Beim Erreichen der Altersgrenze des ursprünglichen Raumstationsanteils sollen die Axiom-Module abgekoppelt und dann unabhängig betrieben werden. Die Axiom-Raumstation würde dann die erste völlig private und kommerziell betriebene Raumstation im All sein. Im Anschluss soll eine eigene Station im Orbit positioniert werden (Abb. 4.20).

Abb. 4.20 *Geplante Raumstation der Firma Axiom Space. (Illustration: Axiom Space)*

Space Hotels der Firma Orbital Assembly Corporation

Die Firma Orbital Assembly Corporation plant, als erste Firma Touristen in einem eigenen Weltraumhotel (Abb. 4.21) empfangen zu können. Voraussichtlich wird Orbital Assembly die Firma Axiom wegen deren exzellenter Verbindungen zur NASA nicht überholen, hat aber gute Aussichten, als erste rein private Firma eine erste radförmige drehende Raumstation mit einem Durchmesser von 35,5 m zu errichten. Bei Erfolg dieser ersten Phase (Pioneer Class Space Hotel) soll ein Torus mit einem Durchmesser von 200 m (Space Hotel Voyager) im All positioniert werden.

Einen Torus kann man sich wie einen großen aufgepumpten Fahrradreifen vorstellen, der sich dreht, sodass außen je nach Drehgeschwindigkeit Schwerkraft und im Zentrum Schwerelosigkeit herrscht. Das Konzept eines Torus basiert auf den Vorschlägen von Wernher von Braun in den 70er Jahren des letzten Jahrhunderts. Wegen der immensen Investitionskosten wird es spannend sein zu sehen, ob diese ebenfalls sehr visionäre Firma die nötigen Investitionskosten aufbringen kann.

Abb. 4.21 *Geplantes Weltraumhotel Voyager der Firma Orbital Assembly.*
(Illustration: Orbital Assembly)

"Orbital Reef" der Firma Blue Origin

Auch die Firma Blue Origin hat angekündigt, zwischen 2025 und 2030 eine Raumstation, das „Orbital Reef" (Abb. 4.22), mit bis zu 10 Personen Kapazität in etwa 500 km Höhe zu fliegen. Damit hätte die Firma Blue Origin dann als erste Firma eine vollständige Produktpalette für den Transport, Aufenthalt und Rücktransport von Menschen im All.

Raumstationen an Lagrange-Punkten

Bisher gibt es keine konkreten Pläne für die Errichtung einer Raumstation an einem Lagrangepunkt. Lunar Gateway wird zumindest teilweise in der Nähe des Punktes L2 Erde/Mond sein. Schon 1975 wurde aber in einer Studie der NASA vorgeschlagen, am Erde/Mond-Lagrangepunkt L5 eine Weltraumkolonie mit bis zu 10.000 Bewohnern zu planen. Man nannte diese Kolonie den „Stanford-Torus". Dabei sollte ein rotierender Torus mit 1,8 km Durchmesser konstruiert werden, in dem wegen der Rotation erdähnliche Schwerkraft herrscht. Wegen des riesigen Durchmessers wäre dabei auch keine Übelkeit wegen der Drehung zu befürchten. Zu dieser Zeit dachte man wirklich, die Zeit sei reif dafür, solche Konzepte in Angriff zu nehmen. Auch heute bleibt das Konzept sehr futuristisch.

Im Prinzip könnten Raumstationen an Lagrange-Punkten sehr nützlich sein. Man bräuchte nur wenig Energie, um sie an ihrem Ort zu stabilisieren und könnte sie somit schrittweise zu permanenten und immer größeren Außenstationen ausbauen. Dort zu landen oder von dort zu starten, benötigt

Abb. 4.22 *Konzept der Raumstation Orbital Reef der Fa. Blue Origin. (Illustration: Blue Origin)*

im Unterschied zu Mond- oder Marsstationen nur wenig Energie. So eine Station, z. B. der Erde-Mond-L2-Punkt hinter dem Mond, in dessen Nähe jetzt Lunar Gateway rotieren wird, könnte als Zwischenstation oder Ausgangspunkt für astronautische Missionen zu oder vom Mond oder Mars oder zu Asteroiden dienen. An einer solchen Station wäre auch Platz, um mit Materialien zu arbeiten, die vom Mond oder aus Asteroiden gewonnen werden. Da dort Schwerelosigkeit herrscht, können dort z. B. Satelliten oder andere weltraumtaugliche Geräte, ja sogar Raumschiffe, völlig anders gebaut werden als auf der Erde, weil sie ja beim Start keine hohen Beschleunigungen und keine Vibrationen aushalten müssen und deshalb in Leichtbauweise konstruiert werden können. Die Fertigung würde dann mit neuen Technologien, z. B. mit 3D-Druck, erfolgen. Bereits jetzt wird auf der Internationalen Raumstation 3D-Druck in Schwerelosigkeit erprobt, um in Zukunft im ersten Schritt zumindest Werkzeuge und Ersatzteile maßgeschneidert je nach Bedarf drucken zu können.

Künftige Mond- und Marsstationen

Voraussichtlich wird innerhalb der nächsten 20 Jahre zumindest ein erstes Modul einer Station der USA (Abb. 4.23) auf dem Mond existieren. Auch Russland plant, evtl. gemeinsam mit China, in den nächsten Jahren mit der Errichtung einer Mondstation zu beginnen. Erste astronautische Mondlandungen sind bereits für die Zeit zwischen 2025 und 2030 angekündigt. Im großen Unterschied zu den 60er und 70er Jahren des letzten Jahrhunderts, in denen sie eher militärischen Zielen dienten, um zu beweisen, dass die USA der Sowjet-Union technologisch überlegen sind, werden die nächsten Landungen ziviler Natur sein. Deshalb spielt der Schutz von Menschenleben eine wesentlich größere Rolle als 1969. Da inzwischen aber auch Privatunternehmen daran interessiert sind, auf dem Mond astronautische Stationen zu errichten, um einerseits die Suche nach Bodenschätzen voranzutreiben und andererseits auch Mondhotels betreiben zu können, könnte gerade die Privatindustrie bald der Haupttreiber für Mondstationen werden.

Viele Experten fordern, auf der Rückseite des Mondes, wo es keine von der Erde kommenden Radiosignale gibt und die deshalb frei von terrestrischer „Lärmverschmutzung" durch Radiowellen ist, große Radioteleskope aufzustellen, um von dort in das All zu horchen. Einer der Gründe dabei ist es, mögliche auf Kollisionskurs mit der Erde heranfliegende Asteroiden rechtzeitig zu kartieren und zu kennen, um im Notfall eine Ablenkung oder Zerstörung durchzuführen. Der nächste große Asteroiden-

Abb. 4.23 *Skizze der ESA einer künftigen Mondstation.* *(Illustration: ESA)*

einschlag wird mit Sicherheit kommen; wir sollten also damit beginnen, uns bestmöglich darauf vorzubereiten und davor zu schützen. Heute ist man noch nicht in der Lage, solche Radioteleskope mit Robotern zu warten. Das müsste der Mensch selbst übernehmen. Eine Mondstation sollte also nicht sehr weit von solchen Radioteleskopen entfernt sein.

Ein weiterer wichtiger Grund für die astronautische Exploration des Mondes ist die Suche nach Bodenschätzen. Bisherige Untersuchungen haben ergeben, dass auf dem Mond große Mengen von Eisen, Titan, Aluminium, Magnesium und von seltenen Metallen lagern. Helium 3, das auf der Erde selten ist, wird seit Jahrmillionen durch den Sonnenwind auf der Mondoberfläche abgelagert und könnte als Brennstoff künftiger Fusionsreaktoren genutzt werden. Allerdings sind viele Experten der Meinung, ein solcher Helium 3-Abbau sei zumindest in den nächsten Jahrzehnten noch zu aufwendig, selbst wenn dann die Fusionstechnologie ausgereift ist.

Mond-Regolith, also das oberflächliche Mondgestein, eignet sich als Baustoff für die Errichtung von Gebäuden, Labors und Fabriken. Verschiedene Bergbauunternehmen und Bergbauuniversitäten haben in den letzten Jahren Pläne für Bergbau auf dem Mond und auf Asteroiden entwickelt.

Der Boden für diesen neuen Industriezweig ist also bereitet. Zunächst wird man sich darauf konzentrieren, möglichst vieles, das auf dem Mond benötigt wird, auch dort mit auf dem Mond gewonnenen Rohmaterialien zu bauen, damit Transportkosten von der Erde möglichst geringgehalten werden können. Bis aber Bergbau auf dem Mond und erdnahen Asteroiden profitabel sein kann, wird es noch viele Jahrzehnte dauern. Aber wir sollten jetzt damit beginnen, die Voraussetzungen dafür zu schaffen.

Moon Village

Ein logischer Schritt für die Mond-Besiedlung wäre, wie vom damaligen ESA Generaldirektor Wörner 2015 vorgeschlagen, ein „Dorf" auf dem Mond („Lunar Village"). Auf einem solchen „Dorf" könnte jede interessierte Nation oder Firma ein eigenes „Haus" bauen, bzgl. Infrastruktur und Hilfe bei Notfällen könnte man sich aber gegenseitig unterstützen.

Ein Dorf auf dem Mond benötigt Energie. Hier bietet sich Solarenergie an. Das „Mond-Dorf" sollte deshalb in einer Gegend sein, in der möglichst lange oder immer Tag ist. Außerdem sollte es nicht weit von der Rückseite des Mondes entfernt sein, damit die Wege zur Wartung von Radioteleskop-Parks nicht zu weit sind. Deshalb wird insbesondere an den Polen des Mondes, die permanent Sonnenlicht erhalten, aber nicht weit von der Mondrückseite entfernt sind, nach einem idealen Standort gesucht. Zurzeit wird von vielen die Region des Shackleton-Kraters (Abb. 4.24) am Südpol

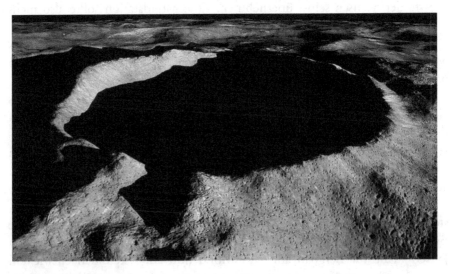

Abb. 4.24 *Shackleton-Krater am Südpol des Mondes. (Foto: NASA)*

des Mondes präferiert, in der auch gefrorenes Wasser gefunden wurde. Man könnte also dort auf sonnenbeschienenen Anhöhen des Kraterrandes Solaranlagen errichten und aus den schattigen Regionen im Kratergrund gefrorenes Wasser gewinnen. Dieses Wasser könnte für die Wasserversorgung, die Gewinnung von Sauerstoff, die Bewässerung von Anbauzonen sowie als Treibstoff (Wasserstoff und Sauerstoff) verwendet werden, was erhebliche logistische Vorteile bringt. Auch der Krater Philolaus an der Nordwestseite des Mondes kommt infrage. Dort bieten große Lavahöhlen Schutz vor Weltraumstrahlung und Meteoriteneinschlägen, wahrscheinlich ist dort auch Wassereis zu finden und auf dessen Höhen kann Sonnenlicht genügend Energie liefern.

Inzwischen überlegt die NASA auch, zur Energieversorgung kleine Kernreaktoren auf den Mond zu schicken. Dann wäre man von Sonnenenergie unabhängig. Die Reaktoren sollten aber dann, wie auch die Wohnmodule, tief genug unter der Mondoberfläche positioniert werden, damit man vor den auf dem Mond im Vergleich zur Erde viel häufigeren Asteroideneinschlägen gesichert ist.

Neben Energie und Wasser benötigt man auf einer permanent besiedelten Mondstation Nahrung. Diese zum Mond zu transportieren ist wesentlich aufwändiger als eine Raumstation mit Nahrung zu versorgen. Deshalb werden Anbau von Getreide, Gemüse und Salaten schon bald nach Errichtung erster Module eines Monddorfes wichtige Themen sein, um die Betriebskosten zu senken. Für die NASA, Roskosmos und das Chinesische Raumfahrtprogramm ist deshalb Nahrungsproduktion im Weltraum ein wichtiges Thema, in das viel investiert wird. Auch die ESA betreibt seit Jahren ein Programm zur Etablierung des bioregenerativen Lebenserhaltungssystems MELISSA, das in einem geschlossenen Kreislauf aus Ausscheidungen des Menschen Dünger produzieren und mit diesem dann Nahrungspflanzen wachsen lassen soll. Auch das DLR arbeitet mit seinem in Bremen beheimateten Projekt E.D.E.N. (Abb. 4.25), das auch auf der deutsche Antarktisstation getestet wird, an bioregenerativer Nahrungsproduktion. Ein Ableger des Konzepts ist das im DLR-Institut für Luft- und Raumfahrtmedizin durchgeführte Projekt C.R.O.P., das terrestrische Spin Off-Effekte wie z. B. Anwendungsmöglichkeiten dieser neuen Technologien in der Landwirtschaft bei der Verarbeitung von Gülle und Produktion von Dünger oder des Abbaus von Arzneimittelrückständen in Abwasser testet. Die Universität Stuttgart arbeitet an einem Algen-Fotobioreaktor, der neben der Produktion von Sauerstoff aus CO_2 auch einen wesentlichen Anteil von Nahrung liefern könnte.

Abb. 4.25   E.D.E.N., ein Projekt des DLR zur Produktion von Nahrung in entfernten Gegenden *Hier: Bei der Neumeyer-Station in der Antarktis. (Foto: DLR)*

Eine Mondstation benötigt auch Wohnraum, Arbeitsplätze und Laborraum. Da aufgrund fehlender Atmosphäre und fehlenden Magnetfeldes die Weltraumstrahlung ungehindert auf die Mondoberfläche trifft, ist Strahlenschutz eine vorrangige Aufgabe. Hier bietet sich an, die Wohnmodule so tief wie möglich unter einer meterdicken Schicht Regolith zu vergraben oder gar in Lavahöhlen zu positionieren, damit diese als natürliche Strahlenbarriere dienen können.

Ein Weltraumhotel auf dem Mond wird für Touristen große Anziehungskraft ausüben. Man kann dort ideal die verringerte Schwerkraft auskosten: Man kann viel weiter und höher springen als auf der Erde, Vor- und Rückwärtssaltos ohne Verletzungsgefahr springen – man fällt ja nur langsam -, kann mühelos im Handstand umherlaufen oder sogar springen, mit vielen Bällen gleichzeitig jonglieren etc. etc. Deshalb ist sportliche Aktivität, z. B. innerhalb eines Aussichtsdoms auf der Mondoberfläche, sicher begeisternd und äußerst attraktiv, während die „Hotelzimmer" wegen des Strahlenschutzes und der Gefährdung durch Meteoriteneinschläge tief unter der Mondoberfläche sein könnten. Wegen der Restschwerkraft ist auch die Gefahr einer Übelkeit deutlich geringer als in völliger Schwerelosigkeit.

Während Parabelflügen werden oft auch Parabeln mit Mond- oder Marsschwerkraft geflogen. Wird solche Mond- oder Mars-Schwerkraft simuliert, dann kann ich mich erinnern, dass alle im Parabelflieger lachen und sich beinahe kindisch freuen, weil man zwar fast schwerelos ist, aber nach einem Sprung oder Hüpfer doch wieder langsam landet und „sicheren Boden" unter den Füßen hat – eine wunderbare Leichtigkeit, für Viele schöner als vollkommene Schwerelosigkeit: Auch Touristen auf dem Mond – oder in einem mit Mond- oder Marsschwerkraft rotierendem Space-Hotel – werden wie wir begeistert sein!

Bei Außeneinsätzen kann man Erkundungsgänge machen und vielleicht wie Alan Shepard 1971 neue Weltrekorde im Weitschuss von Golfbällen aufstellen. Da der Mond keine Atmosphäre besitzt, wird es nicht möglich sein, mit Hubschraubern Ausflüge zu machen, da die Luft fehlt, um Rotoren arbeiten lassen zu können. Das müssen dann spektakulärere Raketentaxis übernehmen.

Eine Mondstation wird also eine wichtige Forschungs- und Erkundungsstation sein und uns helfen, die Technologien zu entwickeln, um wichtige benötigte Rohstoffe zu bekommen und damit beginnen zu können, dem Raubbau und gegenseitiger Erpressung mit seltenen Metallen auf der Erde entgegenzuwirken. Sie kann uns helfen, die Erde vor Asteroideneinschlägen zu schützen, kann uns helfen, neue Produktionstechnologien im All zu entwickeln und wird eine sehr attraktive Touristenattraktion werden. Letztere wird helfen, die Investitionen zu tätigen, die nötig sind, den Transport zum und vom Mond und den Aufenthalt auf dem Mond deutlich zu verbilligen und irgendwann zu einem sehr profitablen Unternehmen zu machen.

Mars

Astronautische Flüge zum Mars werden zwar seit Jahren immer wieder angekündigt – Elon Musk oder die Initiative MARS 1 sind Beispiele dafür -, aber in naher Zukunft ist das nach meiner Meinung aus verschiedenen Gründen noch nicht erstrebenswert. Zum Mars sollten weiterhin zunächst robotische Missionen durchgeführt werden, astronautische Missionen sollten aber warten, bis andere Hausaufgaben erledigt sind. Das Strahlungsproblem und das Problem erhöhter Hirndruck bei Langzeitflügen (s. unter Kapitel „Flüssigkeitsverschiebung und Hirndruck") sind nicht gelöst, die Missionskosten sind um ein zig-Faches höher als bei Flügen zum Mond, die Herausforderung, mit schnellen (z. B. Ionen-)Antrieben zu fliegen ist noch nicht gelöst, die Sicherheitsanforderungen sind ungleich höher als bei Flügen zum Mond und es gibt noch keinen absehbaren direkten Nutzen solcher Missionen. Nur zum Mars zu fliegen, „weil er da ist", reicht auch angesichts der Probleme nicht, die wir auf der Erde haben. Deshalb hoffe ich, dass in den nächsten Jahren nicht mit astronautischen Flügen zum Mars begonnen wird. Die Forderung der Firma MARS 1, doch nur mit einem One-Way Ticket zum Mars zu fliegen und dann die Passagiere auf dem Mars zu belassen, ist so unethisch, dass ich mich über Menschen wundere, die so etwas vorschlagen oder sich gar als Freiwillige zur Verfügung stellen wollen. Das wäre gezielter langsamer Selbstmord mit Unterstützung eines Raumfahrtunternehmens. Dass die Firma MARS 1 inzwischen insolvent ist, ist nicht verwunderlich.

Bereits jetzt werden allerdings konkrete Konzepte für astronautische Marsmissionen erarbeitet. Auch hier ist inzwischen die Privatindustrie Treiber der Entwicklung. Elon Musk, der Gründer von SpaceX, hat angekündigt, ab 2025 damit anzufangen, den Mars besiedeln zu wollen. Dies erscheint mir allerdings eher ein Werbegag zu sein, um junge kreative Köpfe in eine seiner Firmen zu locken.

Die Handlungsspielräume der Menschheit zu erweitern ist zwar faszinierend, aber wie immer sollte man einen Schritt nach dem anderen tun. Schützen wir zunächst die Erde und versuchen herauszufinden, ob und wie wir Mond und erdnahe Asteroiden für uns nutzbar machen und dadurch den Raubbau an terrestrischen Ressourcen und die damit einhergehende Zerstörung der Natur zumindest perspektivisch reduzieren können. Auch der Transport in den Weltraum und die Raketentreibstoffe müssen dringend umweltfreundlich werden.

Erst wenn das alles gelungen ist, sollte der Mars ein nächster logischer Schritt werden. Bis dahin werden wir wissen, ob sich Asteroidenbergbau wirklich lohnt, oder ob wir einem neuen nicht existierenden Eldorado nachjagen. Ist die Antwort positiv, wird es allerdings spannend sein, den Mars näher kennen zu lernen und zu beginnen, die unendlichen Ressourcen des eigentlichen Asteroidengürtels zwischen Mars und Jupiter nutzbar zu machen.

Weltraumaufzüge und Tethers

Ein alternatives Prinzip des Transports in den, im oder vom Weltraum stellen Weltraumaufzüge (Abb. 4.26) dar. Bisher sind Weltraumaufzüge von der Erde aus nicht realisierbar, aber dieses Prinzip könnte in den nächsten Jahrzehnten zumindest vom Mond aus getestet werden. Deshalb wird es hier kurz dargestellt.

Bringt man ein Seil aus Äquatornähe so weit in die Höhe, dass es von der Erde aus bis in eine geostationäre Umlaufbahn kommt und befestigt daran

Abb. 4.26 *Konzept eines Weltraumaufzugs. (Illustration: NASA)*

eine genügend große Masse, dann wird wegen der Erddrehung die Corioliskraft das Seil spannen und man kann es zu einem Lift umfunktionieren. Dieses Prinzip ist grundsätzlich umsetzbar. Allerdings gibt es bisher noch keine Materialien, die die entstehenden Zugkräfte aushalten würden. Auch wäre die Gefahr einer Kollision mit einem Satelliten oder Weltraumschrottteil so hoch, dass sich ein Weltraumlift von der Erde aus in voraussehbarer Zeit nicht realisieren lassen wird.

Der Mond hat nur 1/7 der Masse der Erde. Seine Tageslänge dauert 28 Erdentage. Deshalb kann ein Weltraumaufzug auf dem Mond nicht mit Corioliskräften betrieben werden- er dreht sich zu langsam. Technisch machbar könnte aber ein Seil sein, das vom Mond aus etwa 100.000 km(!) durch den Erde-Mondlibrationspunkt L1 in Richtung Erde geht und am Ende ebenfalls ein Gegengewicht trägt. Nun würde das Seil durch die Anziehungskraft der Erde gespannt werden. Da der Mond nicht von Weltraumschrott oder vielen Satelliten umflogen wird, ist auch keine erhöhte Kollisionsgefahr vorhanden. Auch gibt es bereits Materialien, die die entstehende Spannung des Seils aushalten würden wie Graphen, das eine mehr als hundertfach höhere Reißfestigkeit als Stahl hat. Theoretisch ist es also möglich, einen Weltraumlift vom/zum Mond zu bauen, womit

Transportkosten enorm gesenkt würden. Allerdings sind die voraussichtlichen Entwicklungskosten so hoch, dass auch kleine Aufzüge jetzt noch viel zu teuer wären. Aber in den nächsten Jahrzehnten könnten Technologiefortschritte so weit sein, dass ein Mond-Dorf zumindest mit einem „kleinen" Lastenaufzug versehen werden kann. Wenn dann am Erde-Mond-Librationspunkt L1 eine permanent geparkte Raumstation positioniert wäre, könnte diese kostengünstig mit Treib- und Rohstoffen vom Mond versorgt werden, da ja der Aufzug durch diesen Librationspunkt käme. Aus den Rohstoffen wiederum könnten z. B. mittels 3D-Druck komplexere Geräte und Satelliten gebaut werden. Deshalb ist denkbar, dass ein Weltraumaufzug zwischen Mond und Librationspunkt L1 zur Erde in vielen Jahrzehnten – allerdings eher im nächsten als in diesem Jahrhundert – Sinn machen kann.

Schließlich wird auch an „Tethern" geforscht. Ein Tether ist ein rotierendes Seil, an dessen beiden Seiten jeweils eine schwerere Struktur befestigt ist. Das Seil kann z. B. durch Rotation gespannt werden (Beispiel Rinderfang mit der dreiarmigen Bola in Südamerika). Eines der möglichen Anwendungspotenziale wäre, damit Satelliten in eine neue Richtung zu schicken. In großem Maßstab gebaut könnte man sich vorstellen, ein Tethersystem in der Nähe eines Librationspunktes zu positionieren. Im Zentrum wäre nur eine kleine Drehung vorhanden (sodass man leicht be- oder entladen kann), außen aber je nach Entfernung vom Zentrum viele Tausend Stundenkilometer Geschwindigkeit. Man könnte also den Tether entweder außen, im Zentrum oder irgendwo dazwischen ent- und beladen, die jeweiligen Lasten mit einem Aufzug vom oder zum Zentrum bringen und hätte somit eine für die Logistik einer Raumstation an einem Librationspunkt sehr kostengünstige Lösung.

Auch diese Überlegung ist heute Zukunftsmusik, zeigt aber beispielhaft, dass es in Zukunft Möglichkeiten geben wird, kostengünstige alternative Transportsysteme im All zu entwickeln, auch solche, an die wir vielleicht heute noch nicht denken.

Astronautische und robotische Raumfahrt: Gegensätze?

Die Zukunft braucht beides: Zur Fernerkundung und Vorbereitung astronautischer Missionen sind robotische Vorgängermissionen unerlässlich. Überall, wo der Mensch nicht absolut nötig ist, sollen automatisierte und robotische Missionen ihre wichtigen Aufgaben übernehmen. Ähnlich wie auf der Erde sollten auch im All die gegenseitigen Synergiepotenziale genutzt werden. Die Erforschung der Marsoberfläche oder von Asteroiden zur Vorbereitung späterer astronautischer Missionen oder auch in Zukunft automatisierte Produktionsstätten sind typische Beispiele dafür. Aber Weltraumtourismus, detaillierte Erkundung der Mond- oder Marsoberfläche, genaue Exploration von Asteroiden, Wartung und Reparatur defekter Systeme wie seinerzeit des Hubble-Teleskops oder in Zukunft Radioteleskope auf der Rückseite des Mondes, benötigen die Anwesenheit des Menschen. Deshalb sollte kein künstlicher Graben zwischen astronautischer und nicht-astronautischer Raumfahrt gelegt werden, sondern einfach jeweils abgewogen werden, was für eine spezielle Aufgabenstellung die vernünftige Lösung sein wird. Die Zukunft wird zeigen, dass Menschen sowohl auf als außerhalb der Erde für viele Aufgabenstellungen unerlässlich bleiben werden. Es geht also, wie auch auf der Erde, nicht um ein Gegeneinander, sondern um optimale Nutzung von Synergieeffekten.

Zum Weiterlesen

https://de.wikipedia.org/wiki/Saturn_(Rakete)
https://de.wikipedia.org/wiki/Space_Launch_System
https://de.wikipedia.org/wiki/Sojus_(Rakete)
https://de.wikipedia.org/wiki/Angara_(Rakete)
https://de.wikipedia.org/wiki/Kosmodrom_Wostotschny
https://de.wikipedia.org/wiki/Ariane_(Rakete)
https://de.wikipedia.org/wiki/Langer_Marsch_(Rakete)
https://de.wikipedia.org/wiki/Gaganyaan
https://www.upi.com/Science_News/2021/06/14/NASA-green-fuels-spacecraft/6561623273435/#:~:text=NASA%20tested%20a%20new%20fumefree%20fuel%20known%20as,spacecraft%20to%20maneuver%20as%20a%20hydrazinefueled%20craft%20would
https://www.dlr.de/ra/desktopdefault.aspx/tabid-4058/6636_read-48045/
https://de.wikipedia.org/wiki/Sojus_(Raumschiff)
https://de.wikipedia.org/wiki/Orel_(Raumschiff)
https://de.wikipedia.org/wiki/Space_Launch_System
https://de.wikipedia.org/wiki/Sokol_(Raumanzug)
https://en.wikipedia.org/wiki/Extravehicular_MobiLit.y_Unit
https://de.wikipedia.org/wiki/Orlan_(Raumanzug)
https://de.wikipedia.org/wiki/Raumstation
https://de.wikipedia.org/wiki/Internationale_Raumstation
https://de.wikipedia.org/wiki/Lunar_Orbital_Platform-Gateway
http://www.russianspaceweb.com/ros.html
https://de.wikipedia.org/wiki/Chinesische_Raumstation

https://www.axiomspace.com/
https://orbitalassembly.com
https://de.wikipedia.org/wiki/Stanford-Torus
https://de.wikipedia.org/wiki/Asteroidenbergbau
https://en.wikipedia.org/wiki/Lunar_outpost_(NASA)
https://edition.cnn.com/2021/03/09/asia/russia-china-lunar-station-intl-hnk-scli-scn/index.html
https://de.wikipedia.org/wiki/Mond#RegoLit.h
https://www.esa.int/About_Us/Ministerial_Council_2016/Moon_Village
https://www.nasa.gov/feature/moon-s-south-pole-in-nasa-s-landing-sites
https://www.melissafoundation.org/
https://www.dlr.de/irs/desktopdefault.aspx/tabid-11408#gallery/35726
https://www.dlr.de/me/de/desktopdefault.aspx/tabid-15889/
https://de.wikipedia.org/wiki/Weltraumlift

5

Akteure in der astronautischen Raumfahrt

Fast jede*r glaubt, über die NASA oder die ESA Bescheid zu wissen. Schon beim Wort DLR oder gar JAXA wird es aber schon schwieriger. Im nächsten Kapitel wird deshalb ein kurzer Überblick über Raumfahrtorganisationen und über private Akteure in der astronautischen Raumfahrt gegeben.

Raumfahrtorganisationen

NASA

Mit der Gründung der NASA (National Aeronautics and Space Administration) 1958 begannen die USA das Wettrennen im All. Heute hat die NASA über 17.000 Mitarbeiter und ein Jahresbudget von über 20 Mrd. US$. Der/die Chef*in der NASA, „NASA Administrator", wird jeweils vom/von der US-Präsidenten*in mit Zustimmung des US-Senats bestimmt, hat den Rang eines*er Ministers*in und berichtet direkt an den/die US-Präsidenten*in. Das hat zur Konsequenz, dass speziell die NASA-Langzeit-strategie in der astronautischen Raumfahrt häufig wechselt und man nie sicher sein kann, welche neue Langzeitstrategie die NASA nach Präsidenten-wechseln (insbesondere zwischen den Parteien) verfolgen wird.

Das NASA-Hauptquartier befindet sich in Washington, D.C. Im Johnson Space Center (JSC) in Houston ist das Zentrum der astronautischen Raumfahrt und der medizinischen Forschung der NASA. Dort werden NASA-Astronaut*innen ausgewählt und trainiert, medizinisch betreut und haben dort ihre Heimatbasis. Im JSC sind alle Trainingseinrichtungen für Weltraumaufenthalte in amerikanischen Modulen vorhanden. Alle Astronaut*innen, die auf die Internationale Raumstation fliegen, müssen deshalb in Houston ihre Arbeiten in amerikanischen Modulen der ISS trainieren.

Zur engen Verbindung der Forschungsarbeiten mit universitärer Forschung hat die NASA ein Abkommen mit dem Baylor College of Medicine in Houston abgeschlossen und betreibt im dortigen Center for Space Medicine gemeinsam mit einem Konsortium aus den Universitäten Baylor College of Medicine, Massachusetts Institute of Technology (M.I.T.) in Boston und Caltech in Kalifornien das „Translational Research Institute of Space Health" (TRISH). Dieses teilweise virtuelle Institut identifiziert gemeinsam mit der NASA wichtige ungeklärte Fragestellungen und erstellt daraus in Zusammenarbeit mit dem National Institute of Health (NIH) sowie der National Science Foundation (NSF) Ausschreibungen, die sowohl die dazugehörige Grundlagen- als auch angewandte Forschung betreffen. Einen Teil der definierten Arbeiten führen dann Wissenschaftler*innen des TRISH durch, einen Teil Kolleg*innen aus Universitätskonsortien. Dazu gehören auch Themenbereiche der Geräteentwicklung für Diagnostik, Training und Verbesserungen oder Neugestaltung von Astronaut*innen-anzügen sowie Fragestellungen, die auch für die Medizin auf der Erde von Bedeutung sind.

Für die medizinische Betreuung der NASA-Astronaut*innen ist die UTMB (University of Texas Medical Branch) in Galveston bei Houston zuständig. Dort (sowie an der Wright State University in Dayton, Ohio oder an der Mayo-Klinik) können sich auch Ärzte*innen aus aller Welt in einem mehrjährigen Ausbildungsprogramm zu Astronaut*innenärzt*innen weiter-qualifizieren und damit die Berechtigung erhalten, NASA-Astronaut*innen zu betreuen. In Galveston war auch über viele Jahre eine Anlage der NASA, um Langzeit-Bettruhestudien durchzuführen. Monatelange Bettruhe Gesunder ist eine wichtige Analogsituation, in der auf der Erde Effekte von Langzeitaufenthalten im All auf den Menschen simuliert werden können. Nachdem mehrere Tropenstürme zu Abbrüchen solcher Studien geführt hatten – Galveston liegt ja direkt am Golf von Mexiko und ist in der Hurrikan-Saison immer gefährdet – hat die NASA beschlossen, diese Anlage zu schließen. Sie hat vor Jahren deshalb ein Abkommen mit dem Deutschen Zentrum für Luft- und Raumfahrt geschlossen und führt seither gemeinsam mit dem Kölner Institut für Luft- und Raumfahrtmedizin in der dortigen Anlage :envihab solche Langzeitstudien durch. Obwohl die NASA eigent-lich keine Aufträge für die Durchführung solcher Studien in das Ausland vergeben darf, wurde in diesem Fall eine Ausnahme gemacht, weil sonst nirgendwo in den USA oder weltweit eine Anlage wie :envihab existiert, in der solche Studien durchgeführt werden könnten.

Unter den vielen NASA-Zentren ist für das lebenswissenschaftliche Programm der NASA insbesondere das AMES Research Center im Silicon Valley in Kalifornien von Bedeutung. Dort sind die Themen Strahlenbiologie und Exobiologie der NASA konzentriert.

Im riesigen Kennedy Space Center in Cape Canaveral in Florida ist die historische Abschussbasis der NASA für astronautische Flüge. Dort starten bisher weiterhin die NASA-Astronaut*innen, auch wenn sie jetzt nicht mehr mit NASA-Raketen, sondern mit der Falcon 9 der Firma SpaceX oder in Zukunft auch mit Raketen weiterer Firmen fliegen. Privatfirmen sind inzwischen dabei, eigene Startplätze einzurichten und zu betreiben sowie eigene Astronaut*innenteams zu etablieren. Deshalb werden wohl bald auch NASA- und private Astronaut*innen von anderen Startplätzen aus ihre Flüge ins All antreten.

Roskosmos

Die in Moskau beheimatete russische Raumfahrtagentur Roskosmos mit ihrem großen Kosmonautenzentrum, dem „Sternenstädtchen" (Juri Gagarin Kosmonaut Training Center) ist offiziell ein staatliches Unternehmen, dessen Direktor*in direkt dem Präsidenten Russlands untersteht. In meiner Zeit als Vizepräsident der Universität Skoltech in Moskau hatte ich mich einmal gewundert, dass ein hochrangiger Kollege des offiziell zivilen Unternehmens Roskosmos auf meine eMails nicht antwortete. Als ich ihn bei einem Empfang traf, fragte ich ihn, ob er denn meine emails erhalten würde, da ich nie eine Antwort bekomme. Seine sinngemäße Antwort: „Roskosmos ist doch in Wirklichkeit ein militärisches Unternehmen.... Wir können uns gerne jederzeit in einem Restaurant oder einem Park treffen und uns unterhalten. Aber am Telefon oder per email geht das gar nicht."

Im Sternenstädtchen werden seit Gagarins Zeiten die Kosmonaut*innen ausgewählt und trainiert. Dort stehen die Trainingsmodule (Abb. 5.1), in denen künftige Raumstations-Besucher*innen an den russischen Modulen der ISS trainieren und die Bedienung der Sojus-Kapsel lernen. Die von vielen Astronaut*innen gefürchtete komplexe Humanzentrifuge (Abb. 5.2), an der alle Astronaut*innen trainieren, die mit der Sojus-Kapsel fliegen, befindet sich ebenfalls im Sternenstädtchen.

Abb. 5.1 *Der Autor mit einer Student*innengruppe zu Besuch im Sternenstädtchen.* *(Foto: R. Gerzer)*
Man sieht im Hintergrund die einzelnen Trainingsmodule, in denen künftige Besatzungen Details ihrer Arbeiten auf der ISS trainieren

Russische medizinische, psychologische und lebenswissenschaftliche Forschung im Weltraum ist im Moskauer „Institut für Biomedizinische Probleme" (IBMP) konzentriert. Das IBMP gehört nicht zu Roskosmos, sondern ist ein Institut der Russischen Akademie der Wissenschaften mit mehreren hundert Mitarbeiter*innen und führt fast alle für Russland wichtigen Forschungsarbeiten zur medizinischen und psychologischen Betreuung der Astronaut*innen durch, fast alle Arbeiten zur Entwicklung von Trainingsgeräten, zur Strahlenbiologie, zur Mikrobiologie und zum Thema Exobiologie. Im Unterschied zur Vorgehensweise im Westen (und sogar in China) ist das also zentralistische Forschung, die den Untergang der Sowjetunion überlebt hat. Wie auch sonst in der russischen akademischen Landschaft üblich, trifft der/die Direktor*in dieses Instituts die Entscheidungen, wer worüber forscht, wer auf Kongresse fahren und vortragen darf etc. Das musste auch ich einmal schmerzlich lernen, als ich einige international renommierte Professorinnen und Professoren seines Instituts zu einem internationalen Kongress nach Köln einlud und er – zum Glück hatte ich insgesamt ein sehr freundschaftliches Verhältnis zu ihm – mich etwas ungehalten darauf hinwies, dass ich zunächst ihn fragen müsse und nur er

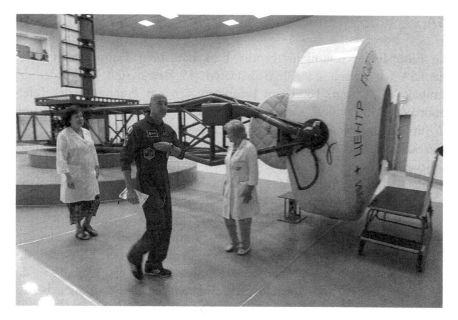

Abb. 5.2 *Der ESA-Astronaut Parmitano 2019 beim Zentrifugentraining (CF-7 Zentri-fuge) im Sternenstädtchen.* *(Foto: Roskosmos)*

die Entscheidungen treffe, wer reisen und vortragen darf und wer nicht, selbst wenn es sich dabei um eine/n weltberühmten Professor*in handle.

Die Starts kosmonautischer Flüge erfolgen im kasachischen Kosmodrom Baikonur, das etwa 5 Flugstunden von Moskau entfernt ist. Als ich 1994 beim Flug von Ulf Merbold mit der Sojus-Rakete beim Start anwesend war, konnte ich noch Spuren der militärischen Auseinandersetzungen sehen, die vorher ausgebrochen waren, weil damals das gerade unabhängig gewordene Kasachstan das von russischen Militärs gesicherte Kosmodrom übernehmen wollte. Seit Jahren hält aber der seither geschlossene Vertrag zur Nutzung dieses Kosmodroms in Kasachstan durch Russland. Um aber in Zukunft nicht mehr von Kasachstan abhängig zu sein, baut Russland zur Zeit im fernen Osten Russlands das neue Kosmodrom Wostochny.

Russland plant nicht, sich an amerikanischen oder europäischen Plänen für gemeinsame Missionen zum Mond zu beteiligen, sondern will unabhängig ab Anfang der 30er Jahre astronautische Mondmissionen starten. Dagegen laufen Verhandlungen zwischen Russland und China zu künftigen Zusammenarbeiten bei astronautischer Mondexploration.

ESA

Die Europäische Raumfahrtagentur ESA hat ihren Hauptsitz in Paris. Die ESA hat derzeit 22 Mitgliedsstaaten, 19 davon sind Mitglieder der Europäischen Union. 10 davon beteiligen sich am Programm der Internationalen Raumstation. Großbritannien, die Schweiz und Norwegen als Nichtmitglieder der EU sind ebenfalls ESA-Mitgliedsstaaten. Der/die ESA-Generaldirektor*in wird von den Delegierten der ESA-Mitgliedsländer für jeweils 5 Jahre gewählt. Dabei spielen zum einen persönliche Voraussetzungen eine wichtige Rolle. Eine mindestens so große Rolle spielt dabei aber auch das Herkunftsland der Kandidat*innen. Viele Länder achten sehr darauf, dass zwischen den Herkunftsländern der Generaldirektor*innen gewechselt wird und dass auch immer wieder jemand aus einem „kleinen" Mitgliedsland gewählt wird. Da die Mitgliedsländer der ESA und der Europäischen Union nicht identisch sind, ist es bisher nicht gelungen, die ESA in die EU zu integrieren. Deshalb haben beide Institutionen bezüglich der Raumfahrt eigene Budgets und eigene Strategien, was für die internationale Zusammenarbeit und größere Strategien nicht optimal ist.

Innerhalb der ESA bildet die astronautische Raumfahrt zusammen mit der Exploration des Sonnensystems ein eigenes Programm. Das Programmbudget kommt, wie auch das Budget aller anderen Programme, nicht automatisch aus dem ESA-Gesamtbudget. Jeder Mitgliedstaat kann frei entscheiden, wieviel Prozent aus den Mitteln, die er in das Gesamtbudget einzahlt, in das jeweilige Programm gehen. Ausnahme sind gemeinsam beschlossene Pflichtprogramme, wie wissenschaftliche Missionen, die aus dem Gesamtbudget kommen. Über die Hälfte der ESA-Mitgliedsländer (12 von 22) sind nicht Teilnehmer des astronautischen Programms der ESA.

Die Mittel, die dann ausgegeben werden, müssen später im sogenannten „National Return" wieder mit diesem Prozentsatz an das Geberland zurückfließen. Wenn das nicht so ist, folgt Geschachere bezüglich Kompensationen aus anderen Programmen. So kann es dann kommen, dass in einer von der ESA finanzierten Mission z. B. ein deutscher Astronaut fliegt, aber wegen des „national return" viele deutsche Experimente, ungeachtet der Qualität ihrer Experimentvorschläge, dann auf einen späteren Flug warten müssen. Weil die ESA sich mit etwa 9 % an den Kosten der ISS beteiligt, dürfen ESA-Experimente auch nur etwa 9 % der Gesamtcrew-Zeit auf der ISS verbrauchen. Bei einem Zuschlag für ein Experiment muss dieses also zum einen wegen der Wissenschaftlichkeit und Durchführbarkeit hohe Priorität besitzen, muss aber auch in den „national Return" und schließlich in das 9 % Zeitbudget der Astronaut*innen passen.

Abb. 5.3 *Europäisches Astronautenzentrum EAC in Köln (unten). Mitte: DLR-:envihab; Oben rechts: DLR-Institut für Luft- und Raumfahrtmedizin (über :envihab). Ganz oben links: DLR-Institut für Materialphysik im Weltraum. (Foto: DLR)*

Das Direktorat für astronautische Raumfahrt der ESA hat seinen Sitz im ESA-Technologiezentrum in Noordwijk (zwischen Den Haag und Amsterdam) in den Niederlanden. Die Heimat der Europäischen Astronaut*innen ist aber das European Astronaut Center (EAC) der ESA in Köln (Abb. 5.3). Dieses liegt in direkter Nachbarschaft zum Institut für Luft- und Raumfahrtmedizin des DLR, sodass eine enge Zusammenarbeit zwischen beiden Institutionen möglich ist und erfolgt. Im EAC sind die Trainingsgeräte der ESA-Anteile an der ISS, insbesondere das Trainingsmodul des Columbus. Hier trainieren alle internationalen Crews der Raumstation ihre Arbeiten im Columbus-Modul.

Die ESA betreibt auf der ISS ein großes Labormodul, das Columbus-Modul (Abb. 5.4). Für die Zukunft hat die ESA mit der NASA vereinbart, dass das Servicemodul für das künftige Raumschiff Orion von der ESA entwickelt wird. Orion soll den Transport von Astronaut*innen übernehmen, die mit der NASA-Rakete SLS in Richtung Lunar Gateway starten.

DLR

Das Deutsche Zentrum für Luft- und Raumfahrt DLR mit seinem Hauptsitz Köln ist als Raumfahrtagentur und Forschungseinrichtung in Deutschland für Raumfahrtmanagement und Raumfahrtforschung zuständig. Das

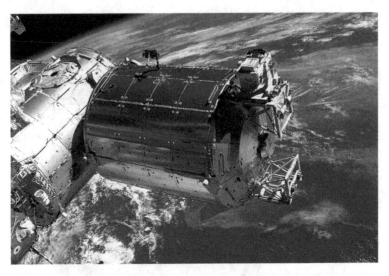

Abb. 5.4 *Columbus-Modul der ESA auf der Internationalen Raumstation.* (Foto: NASA)

DLR betreibt in seinen 30 Standorten Forschungseinrichtungen, fördert aber auch Forschungsprojekte an Universitäten, Großforschungs- und außeruniversitären Forschungseinrichtungen und vertritt die Raumfahrt-strategie und -interessen der Bundesregierung international. Das DLR ist als Großforschungseinrichtung Mitglied der Helmholtzgemeinschaft deutscher Forschungszentren (HGF; Lit. 5.7). Es untersteht aber nicht dem Bundesforschungs-, sondern dem Bundeswirtschaftsministerium. Der/die Vorsitzende wird über ein Auswahlverfahren vom Senat des DLR bestimmt, der aus Mitgliedern des Staates und der Sitzländer, der Wirtschaft und Industrie und der Wissenschaft unter dem Vorsitz des Wirtschafts-ministeriums besteht.

Die DLR-internen Forschungsaktivitäten in der astronautischen Raum-fahrt sind im DLR-Forschungszentrum in Köln-Porz und dem Raum-flugkontrollzentrum in Oberpfaffenhofen lokalisiert. Das Kölner Institut für Luft- und Raumfahrtmedizin mit seiner Anlage :envihab und seiner Außenstelle für Psychologie in Hamburg führt alle medizinischen und lebenswissenschaftlichen Arbeiten des internen DLR-Programms durch, das Kölner DLR-Institut für Materialphysik im Weltraum die material-wissenschaftlichen und physikalischen Forschungsprojekte. Gemeinsam mit Ärzt*innen des European Astronaut Center EAC der ESA ist das Institut für Luft- und Raumfahrtmedizin auch für die ärztliche Betreuung der Europäischen Astronaut*innen zuständig. Auch die psychologische und medizinische Auswahl neuer ESA-Astronaut*innen wird von diesem Institut gemeinsam mit internationalen Partnerorganisationen durchgeführt.

Die deutschen Experimente auf der ISS werden in Konkurrenz von der ESA ausgewählt und können dann wie im Kapitel ESA beschrieben auf der amerikanischen Seite der ISS durchgeführt werden. Separat von den ESA-Regeln hat das DLR auch mit dem russischen Institut für Raumfahrtmedizin IBMP ein Abkommen geschlossen. Das IBMP ermöglicht es dem deutschen lebenswissenschaftlichen Programm, in Kooperationsprojekten auf der russischen Seite der Internationalen Raumstation ebenfalls Experimente durchzuführen. Die entsprechenden Experimente werden jeweils von einer gemeinsamen Kommission ausgewählt.

In Oberpfaffenhofen bei München betreibt das DLR das deutsche Raumflugkontrollzentrum, das ständig mit der ISS verbunden ist und den Betrieb des ESA Moduls Columbus leitet. Dort befindet sich auch das Institut für Robotik und Mechatronik, in dem Roboter (z. B. „Justin") für den Einsatz im Weltraum und auf der Raumstation entwickelt werden.

Im Berliner DLR-Institut für Planetenforschung wird wie im Kölner Institut für Luft- und Raumfahrtmedizin auch Astrobiologie betrieben. Schließlich befasst sich eine Arbeitsgruppe des Bremer DLR-Instituts für Raumfahrtsysteme mit der Etablierung eine Systems für bioregenerative Lebensmittelerzeugung.

Das DLR finanziert in seiner Funktion als Raumfahrtagentur auch universitäre Forschung. So wird das Berliner „Zentrum für Weltraummedizin" an der Charité oder das „Zentrum für integrative Medizin im Weltraum" an der Deutschen Sporthochschule in Köln sowie Wissenschaftler*innen verschiedenster Universitäten vom DLR mitfinanziert. Diese Finanzierung ist völlig getrennt von der Finanzierung DLR-interner Forschungsprojekte.

CNES

Frankreich hat seine Aktivitäten in der astronautischen Raumfahrt in der CNES (Centre National d'Études Spatiales) mit Hauptsitz in Paris zusammengefasst. Die CNES untersteht in Teilen dem französischen Verteidigungs- und in Teilen dem Wissenschaftsministerium. Die Aktivitäten in der astronautischen Raumfahrt werden im Raumfahrtzentrum in Toulouse durchgeführt. Dort betreibt die CNES an der dortigen Universitätsklinik die medizinische Studienanlage MEDES mit integrierter Anlage zur Durchführung von Bettruhestudien.

Die CNES betreibt in Französisch-Guayana einen äquatornahen Raum-
fahrtbahnhof, von dem aus z. B. die Europäische Rakete ARIANE startet.
Bisher ist dieser Weltraumbahnhof nicht für astronautische Flüge vorgesehen.

Andere Europäische Einrichtungen

Viele andere europäische Nationen wie z. B. Italien, Spanien, Öster-
reich, die Niederlande, Belgien und Schweden, haben ebenfalls Aktivitäten
in der astronautischen Raumfahrt und stellen ESA-Astronaut*innen. In
diesen Ländern befinden sich allerdings keine größeren Einrichtungen für
astronautische Raumfahrt.

CSA

Die kanadische Raumfahrtagentur CSA mit Sitz Saint-Hubert, Quebec,
in der Nähe von Montreal, ist einerseits eng mit der NASA assoziiert,
andererseits auch mit der ESA. Kanadische Astronaut*innen werden im
NASA-Programm mit ausgesucht und trainieren gemeinsam mit NASA-
Astronaut*innen. Auf der Internationalen Raumstation betreibt die CSA
das über eine Milliarde US$ teure „mobile Servicing System" mit dem
„Canadarm 2" (Abb. 5.5), dessen Greifarm neue Module und Geräte
packen und an ihre geplante Stelle bringen kann, die Astronaut*innen bei
Außenbordarbeiten unterstützt und generell bei der Aufrechterhaltung der
Station eingesetzt wird. Das Canadarm-Trainingszentrum ist ebenfalls in
Saint-Hubert gelegen. Die CSA wird auch die Station Lunar Gateway mit
einem robotischen Greifarm ausstatten.

JAXA

Der Hauptsitz der japanischen Raumfahrtagentur „Japan Aerospace
Exploration Agency" (JAXA) liegt in Tsukuba in der Nähe von Tokio. Japan
unterhält ein eigenes Astronaut*innenteam. Auf der Internationalen Raumstation betreibt Japan das über 11 m lange Experiment-Modul Kibo.

S114E6645

Abb. 5.5 *Canadarm, ein kanadischer Roboterarm, der die ISS von außen betreut.* (Foto: NASA)

CNSA

Das astronautische Raumfahrtprogramm Chinas ist unabhängig von den Programmen der übrigen Raumfahrtnationen und hat nichts mit der ISS zu tun. Die chinesische Raumfahrtbehörde „China National Space Administration" (CNSA) untersteht dem Ministerium für Industrie und Informationstechnik. Der Hauptsitz ist in Peking. Die chinesischen Astronaut*innen (auch Taikonaut*innen genannt) sind im Chinese Astronaut Research and Training Center in Peking beheimatet. Starts chinesischer Astronaut*innen erfolgen derzeit auf dem Raketenstartplatz Jiuquan in der Wüste Gobi und in Zukunft in Wenchang auf der Insel Hainan.

China bereitet zurzeit eine eigene astronautische Raumstation vor und plant darüber hinaus astronautische Explorationsmissionen zum Mond. Neben staatlichen Organisationen führen auch verschiedene Universitäten wie in Peking die Beihang-Universität und das Beijing Institute of Technology, in Xi'An das Northwestern Polytechnical Institute sowie verschiedene Institute der Akademie der Wissenschaften wichtige Vorbereitungs- und Forschungsarbeiten durch.

Während es keine Zusammenarbeit zwischen China und den USA in der astronautischen Raumfahrt gibt, arbeiten sowohl Russland als die ESA und auch das DLR mit dem chinesischen astronautischen Programm zusammen. Einige ESA-Astronaut*innen haben bereits chinesisch-Intensivkurse belegt, um ggfs. auch auf einen Aufenthalt auf der chinesischen Raumstation vorbereitet zu sein. Diese wird voraussichtlich nach dem Ende der ISS die einzige permanent besetzte Raumstation sein.

China rekrutiert seit Jahren gezielt Wissenschaftler*innen aus dem Westen mit attraktiven Angeboten. Auch ich erhielt etliche Angebote, mit großzügig ausgestattetem Budget dort in modernsten Labors Forschung zu betreiben, auch jenseits meines Pensionsalters in Deutschland. Das hat mich aber (wegen der unterschiedlichen Kultur und des vielen Smogs in Chinas Metropolen) nie gereizt. Außerdem werden seit Jahren junge chinesische Doktorand*innen mit großzügig ausgestatteten Stipendien in westliche Länder geschickt. Die chinesischen Doktorand*innen, die wir in meinem Institut hatten, gehörten zu den besten Nachwuchswissenschaftler*innen, die ich in meiner Karriere mit betreuen durfte. So lernen zum einen junge Chines*innen unsere Art zu forschen kennen, andererseits haben wir inzwischen viele gute persönliche Kontakte zu künftigen Führungspersonen als Ausgangspunkt künftiger Zusammenarbeit.

ISRO

Die indische Raumfahrtbehörde ISRO hat ihren Sitz in Bangalore. Indien entwickelt für die astronautische Raumfahrt die Rakete GSLV Mk III und das Raumschiff Gaganyaan, mit dem jeweils drei Astronaut*innen in die Umlaufbahn gebracht werden können. In diesem Programm arbeitet die ISRO eng mit Roskosmos zusammen. Erste eigenständige astronautische Flüge sind ab 2022 geplant. Mittel- und langfristig plant auch Indien eine eigene Raumstation und Flüge zu Mond und Mars.

Privatindustrie

Virgin Galactic

Die Firma Virgin Galactic des Unternehmers Richard Branson will das traditionelle Geschäft seiner Fluggesellschaft Virgin Atlantic in Richtung Weltraum erweitern. Sie wirbt seit etwa 2005 damit, dass erste kommerzielle

Suborbitalflüge „in etwa 2 Jahren" stattfinden. Kunden, die sich zuerst einen Platz reserviert hatten, zahlten 150.000 US$. Inzwischen werden Sitzplätze wesentlich teurer für 450.000 US$ angeboten. Die Entwicklungskosten waren also viel höher als ursprünglich vorgesehen, offensichtlich ist es aber auch das Interesse solventer Kund*innen. Im Juni 2021 ist Richard Branson mit weiteren Passagieren mit dem vom Trägerflugzeug „Whight Knight" in 15.000 m Höhe gestarteten SpaceShipTwo (Abb. 5.6) in über 80 km Höhe geflogen und hat damit zumindest die von US-Luftwaffe und NASA definierte Grenze zum Weltraum überflogen, die generelle Zulassung für kommerzielle Flüge steht aber noch aus. Zur Zeit (Ende 2021) wird der Beginn des kommerziellen Betriebs für „frühestens Ende 2022" angekündigt....

Für diese Firma wurde im US-Bundesstaat New Mexico ein eigener Startplatz, der „Spaceport America" gebaut und wartet seit seiner Eröffnung 2011 auf den regulären Betrieb. Es ist eine Vision der Firma Virgin Galactic, zunächst reguläre Flüge bis über die Kármán-Linie durchzuführen. Später

Abb. 5.6 *White Knight 2 und SpaceShipTwo und der Firma Virgin Galactic.* (Foto: Virgin Galactic)
Das vierstrahlige Flugzeug White Knight 2 transportiert SpaceShipTwo in 15 km Höhe, von wo dieses dann mit Raketenantrieb bis in über 80 km Höhe fliegt

soll die dafür entwickelte Technologie auch genutzt werden, um sehr schnell lange Distanzen zu überwinden, also z. B. Los Angeles-Tokio, um damit Geschäftsreisenden einen Exklusivservice bieten zu können. Verschiedene Flughäfen weltweit bereiten sich bereits auf solche Dienstleistungen vor. Darüber hinaus gibt es die Vision von Virgin Galactic, später auch in das orbitale Raumfahrtgeschäft einzusteigen.

Das derzeitige Konstrukt aus Trägerflugzeug und Flugzeug mit Raketenantrieb fliegt noch mit „herkömmlicher" Technik und benötigt Piloten, was für Starts und Landungen von Verkehrsflugzeugen noch üblich und vorgeschrieben ist. Die weiteren privaten Konkurrenten in diesem künftigen Markt fliegen ihre Raketen und Raumschiffe inzwischen mithilfe künstlicher Intelligenz und können deshalb auf Pilot*innen verzichten.

SpaceX

Die Firma SpaceX (Abb. 5.7) des Milliardärs und Gründers von TESLA Elon Musk hat den Markt der Raumtransportsysteme revolutioniert. SpaceX wurde 2002 gegründet. Inzwischen ist diese Firma Marktführer bei weltweiten Satellitenstarts und versorgt für die NASA mit der Rakete Falcon 9 und dem Raumschiff Dragon die Internationale Raumstation. Sie hat auch

Abb. 5.7. *Starship der Firma SpaceX landet neben einer Mondstation.* Vision der Firma SpaceX. (Illustration: SpaceX)

bereits Touristen für einige Tage in den Orbit geschickt. Sie plant auch, Touristen um den Mond sowie auf die Internationale Raumstation zu fliegen. Ab Mitte der 20er Jahre soll das derzeit in Entwicklung befindliche Raumschiff Starship Flüge um den Mond durchführen und auch die Station Lunar Gateway versorgen. Mit diesem perspektivisch bis zu hundert Personen fassenden Raumschiff sind auch Flüge zum Mars und zurück vorgesehen. Darüber hinaus könnte es evtl. auch für Suborbitalflüge zwischen weit entfernten Städten eingesetzt werden.

Der Treibstoff von Starship soll hauptsächlich aus Methan und Sauerstoff bestehen. Bei deren Verbrennung entsteht CO_2 und Wasser. Die Vorteile dieses Treibstoffs liegen darin, dass er wesentlich einfacher handhabbar ist als bisherige hoch toxische Kerosingemische und dass Methan aus Wasserstoff und CO_2 hergestellt werden kann. Man kann also auf dem Mond oder Mars aus Wasser zunächst Sauerstoff und Wasserstoff herstellen und dann aus Wasserstoff und Kohlendioxid Methan. Es ist dann also möglich, den Treibstoff für Rückflüge von Mond oder Mars dort zu gewinnen.

Blue Origin

Der Gründer von Amazon, Jeff Bezos, gründete 2000 die Firma Blue Origin. Deren Rakete New Shepard ist ein wiederverwendbares, vertikal startendes und landendes System. New Shepard ist ein suborbitales System, das zunächst mit seiner fünf Personen fassenden Crew-Kapsel Touristen in über 100 km Höhe fliegen soll. Für den Erstflug eines zahlenden Passagiers wurde im Mai/Juni 2021 eine Versteigerung durchgeführt. Der Zuschlag wurde für 28 Mio. Dollar erteilt. Dieser Erstflug fand erfolgreich am 20.07.2021, an dem Tag, an dem diese Zeilen geschrieben werden, statt. Allerdings flog dann ein 18-Jähriger als Nachrücker, weil der Passagier, der das teure Ticket gekauft hatte, Terminschwierigkeiten hatte. Künftige Preise für den etwa zehn Minuten dauernden Flug sollen zunächst um die 500.000 Dollar betragen.

Mit der Entwicklung des Systems New Glenn sollen dann auch Orbitalflüge möglich werden. Schließlich arbeitet die Firma im Auftrag der NASA gemeinsam mit weiteren Firmen im Blue Moon-Projekt an künftigen Mondlandesystemen.

Inzwischen hat die Firma von der DARPA (Forschungsorganisation des US-Verteidigungsministeriums) den Auftrag bekommen, eine Rakete mit nuklearem Antrieb für Flüge zum Mars zu entwickeln. Mit diesem System könnte die Strahlenproblematik gelöst werden, weil es wesentlich schneller fliegen wird als bisherige Systeme und so die Strahlenexposition der

Astronaut*innen während der Reise zum und vom Mars deutlich gesenkt werden könnte.

Blue Origin will in den nächsten Jahren auch eine eigene kommerzielle Raumstation, das „Orbital Reef", im Erdorbit positionieren und hat auch die Langfristvision einer Weltraumkolonie mit Millionen von Bewohnern entwickelt.

Als erste Raumfahrtfirma hat sich Blue Origin vorgenommen, für die eigenen Raketen in Zukunft möglichst CO_2-neutrale Antriebssysteme zu entwickeln. Das suborbital fliegende System New Shepard fliegt bereits mit flüssigem Wasserstoff und Sauerstoff als Antriebssystem.

Boeing

Boeing entwickelt die Transportkapsel CST-100 Starliner, mit der bis zu 7 Personen gleichzeitig in die Erdumlaufbahn und zur Raumstation gebracht werden können. Gemeinsam mit der Firma Lockheed Martin arbeitet Boeing derzeit auch an der Entwicklung der neuen NASA-Rakete „Space Launch System" (SLS), die im Auftrag der NASA Crews und Nachschub zur Station Lunar Gateway und auch ggfs. zum Mars transportieren kann.

Boeing arbeitet seit Jahrzehnten im Auftrag der NASA und hatte bereits in Zusammenarbeit mit weiteren Firmen die Rakete Saturn V, das Space Shuttle, sowie große Teile des amerikanischen Teils der Raumstation gebaut.

Lockheed Martin

Wie Boeing ist auch Lockheed Martin seit Jahrzehnten enger Partner der NASA bei der Entwicklung und dem Bau von Raketen, Raumschiffen und Raumstationskomponenten. Lockheed Martin hat jetzt von der NASA den Auftrag, das Raumschiff Orion für Flüge zum Lunar Gateway, zum Mond, zum Mars oder zu Asteroiden zu entwickeln. Dabei arbeitet Lockheed Martin eng mit Airbus Industries zusammen, die im Auftrag der ESA das Servicemodul von Orion entwickelt.

Bigelow Aerospace

Der Hotelier Robert Bigelow (Budget Suits of America) gründete 1999 in Las Vegas die Firma Bigelow Aerospace mit der Vision, der erste Hotelier im Weltraum zu werden. Seit 2016 ist das aufblasbare Modul BEAM (Bigelow

Expandable Activity Module) Teil der Internationalen Raumstation. Weiterentwicklungen sollen, entweder unabhängig oder an eine Raumstation angedockt, als Weltraumhotels dienen – man konnte bereits Aufenthalte vorreservieren. Auch auf der Mondoberfläche positionierte Hotelmodule waren in der Entwicklung. Im März 2020 musste die Firma allerdings wegen der Corona-Pandemie zunächst ihre Arbeit einstellen. Ob und wann die Arbeit wieder aufgenommen wird, ist derzeit unklar.

Orbital Assembly Corporation

Bereits ab 2026 will diese erst 2018 neu gegründete Firma beginnen, das erste Weltraumhotel als Vorläufer der großen „Voyager Station" für bis zu 280 Gäste und 112 Personen Personal im Orbit zu positionieren. Voyager soll ein rotierender Torus mit Mondschwerkraft sein und von Starship der Firma SpaceX angeflogen werden. Ein 3 1/2 Tage-Trip soll zunächst etwa 5 Mio. US$ kosten.

Sierra Nevada Corporation

Die Firma Sierra Nevada Corporation entwickelt für die NASA das Raumschiff Dream Chaser. Obwohl ursprünglich für bis zu 7 Astronaut*innen gedacht, gab die NASA zunächst nur eine Version in Auftrag, die zwar Nutzlasten, aber keine Menschen transportiert.

Space Adventures

Die 1998 in den USA gegründete Firma Space Adventures war seit Jahren Marktführer im Weltraumtourismus. In enger Zusammenarbeit mit Roskosmos hat Space Adventures die Flüge aller bisher mit der Sojus-Rakete geflogenen Weltraumtourist*innen zur MIR-Station oder der ISS gemanagt. Man kann bei dieser Firma inzwischen Flüge um den Mond oder die Durchführung eines Weltraumspaziergangs buchen.

AXIOM Space

Das erst 2016 von ehemaligen NASA-Mitarbeitern in Houston gegründete Unternehmen Axiom Space will zunächst die Nutzung der Internationalen Raumstation weiter kommerzialisieren und in enger Zusammenarbeit mit der Firma SpaceX kommerzielle Flüge zur ISS durchführen. Am Ende des Lebenszyklus der ISS sollen die bis dahin an der ISS angedockten Module der Firma abgedockt und als eigene Raumstation betrieben werden.

Airbus Defence and Space

Die Tochterfirma des Konzerns Airbus mit Sitz in Taufkirchen bei München ist zum einen gemeinsam mit der Firma Safran Mehrheitseigner der Firma ArianeGroup, die im Auftrag der ESA die Ariane 6 baut. Das Europäische Raumstations-Modul Columbus sowie die Nachschubmodule ATV für die Internationale Raumstation wurden von Airbus gebaut. Derzeit arbeitet Airbus am europäischen Servicemodul für das Raumschiff Orion.

Thales Alenia Space

Die Turiner Tochterfirma der französischen Holding Thales ist seit Jahren in der astronautischen Raumfahrt aktiv und hat wesentliche Teile der Internationalen Raumstation mitgebaut. Sie ist auch jetzt an den Vorbereitungen für den Bau von Lunar Gateway beteiligt.

Andere Firmen

Viele weitere Firmen wie Northrop Grumman (Cygnus) oder Draper sind in der astronautischen Raumfahrt teils seit Jahrzehnten tätig. Insgesamt ist dieser Industriesektor eine Sparte mit voraussichtlich großer Zukunft. Auch die bisher vor allem im Satellitenbau sehr erfolgreiche deutsche Firma OHB SE hat große Chancen, ihre Aktivitäten in der astronautischen Raumfahrt weiter zu intensivieren.

IAA, IAF, ASMA, COSPAR und ELGRA

Die IAA (International Academy of Astronautics) und IAF (International Astronautical Federation) sind private Vereinigungen, in denen sich die Raumfahrt betreibenden Institutionen (IAF) und Personen (IAA) zusammengeschlossen haben. Beide richten jährlich zusammen mit dem International Institute of Space Law (IISL) den International Astronautical Congress (IAC; Abb. 5.8) aus. Dieser ist der weltweite jährliche Höhepunkt

Abb. 5.8 *Buzz Aldrin auf dem International Astronautical Congress IAC 2014 in Toronto. (Foto: R. Gerzer)*

des Raumfahrtjahrs, bei dem sich jeweils mehr als 5000 Ingenieure*innen, Wissenschaftler*innen, Industrievertreter*innen, Politiker*innen, Entscheidungsmacher*innen, Astronaut*innen etc. treffen und aktuelle Themen diskutieren. 2022 findet dieser Kongress in Paris statt, 2023 in Baku.

Die IAA ist – mit dem Ziel von maximal etwa 2000 Mitgliedern – eine exklusive Organisation von Individuen, die aufgrund ihrer bisherigen erfolgreichen Arbeit in der Raumfahrt gewählt werden. Die IAF hingegen ist eine Institution, in der Raumfahrtorganisationen, in der Raumfahrt tätige Firmen oder Universitäten und Forschungseinrichtungen Mitglied sein können. Die IAF hat also keine persönlichen Mitglieder, während die IAA keine Organisationen als Mitglieder aufnimmt.

Alle zwei Jahre richtet die IAA den weltweiten Humans in Space (HIS)-Kongress aus, in dem sich die weltweite Raumfahrtmedizin-Gemeinde jeweils trifft und neues Wissen austauscht. Wegen der Corona-Krise wurde bisher kein Termin oder Ort für den nächsten Kongress veröffentlicht.

Die ASMA (Aerospace Medical Association) ist die US-amerikanische Gesellschaft für Luft- und Raumfahrtmedizin. Zu deren jährlichem Kongress kommen Luft- und Raumfahrtmediziner*innen und Astronaut*innen (Abb. 5.9) aus der gesamten Welt und tauschen dort Neuigkeiten aus. Ab 2022 werden die Kongressorte nicht nur in den USA sein, sondern weltweit wechseln. So wird der erste internationale ASMA-Kongress 2022 in Paris stattfinden.

Abb. 5.9 *Neil Armstrong auf dem jährlichen Kongress der Aerospace Medical Association ASMA 2012 in Atlanta.* (Foto: R. Gerzer)

Die COSPAR (Committee of Space Research) ist eine weltweite Vereinigung von nationalen und internationalen Wissenschaftsorganisationen, die mit Raumfahrtthemen zu tun haben. Ist man Mitglied einer solchen Organisation, kann man sich auch als COSPAR-Mitglied bezeichnen. Die COSPAR richtet alle zwei Jahre einen weltweiten Kongress aus, in dem alle wissenschaftlichen Disziplinen vertreten sind, die Weltraumforschung betreiben. Der nächste Kongress findet 2022 in Athen statt, der Kongress 2024 in Busan in Südkorea.

Die ELGRA (European Low Granits Research Association) ist eine europäische wissenschaftliche Organisation von Personen, die sich mit wissenschaftlichen Fragestellungen der Schwerelosigkeitsforschung befassen. Zu Mitgliedern zählen auch Vertreter der Industriefirmen, die für diese Forschung Geräte bauen, Agenturmitglieder und Entscheider aus der Politik. Die ELGRA richtet alle zwei Jahre einen Kongress an einem europäischen Konferenzort aus. Wegen Corona ist noch nicht klar, wann und wo der nächste Kongress ausgerichtet wird.

Zum Weiterlesen

https://www.nasa.gov/
http://en.roscosmos.ru/
https://en.wikipedia.org/wiki/Institute_of_Biomedical_Problems
https://www.esa.int/
https://de.wikipedia.org/wiki/Columbus_(ISS-Modul)
https://www.dlr.de/DE/Home/home_node.html
https://www.helmholtz.de/
https://cnes.fr/en/
https://www.asc-csa.gc.ca/eng/default.asp
https://www.asc-csa.gc.ca/eng/canadarm/default.asp
https://global.jaxa.jp/
http://www.cnsa.gov.cn/english/index.html
https://www.isro.gov.in/

6

Astronaut*innen

Wer in den Weltraum fliegt, den/die erwarten spezielle Herausforderungen. Will man dort arbeiten oder forschen, muss man dafür speziell ausgebildet sein. Im folgenden Kapitel wird auf Details der Astronaut*innen-auswahl und des Trainings sowie auf medizinische Herausforderungen und Gegenmaßnahmen gegen die negativen Effekte eines Aufenthalts außerhalb der Erde eingegangen.

Auswahl und -Training

Es gibt verschiedene Bezeichnungen für Astronaut*innen. Ob sie Astronaut*innen (westliche Länder), Kosmonaut*innen (russischsprachige Länder) oder Taikonaut*innen (China) heißen, hängt vom Land ab, in dem sie trainiert werden und in den Weltraum fliegen. Bald wird es in Indien ausgebildete Vyomanaut*innen geben.

In den staatlichen Programmen muss man ein mehrjähriges Training absolvieren und wird dann zum/zur Piloten*in, Bordingenieur*in, Missionsspezialisten*in, oder Nutzlastspezialisten*in weitergebildet. Wer die Berufsausbildung als Astronaut*in erfolgreich absolviert hat, kann sich auch bereits vor einem Raumflug Astronaut*in nennen.

Privatfirmen rekrutieren bisher meist zertifizierte und geflogene Astronaut*innen. Sie gehen zunehmend dazu über, die Ausbildung ihrer Astronaut*innen selbst durchzuführen. Da die neuen Raketen und Raumflugzeuge meist automatisch fliegen und andocken, wird sich diese

R. Gerzer, *Astronautische Raumfahrt,* https://doi.org/10.1007/978-3-662-64740-0_6

Ausbildung zunehmend von der traditionellen Ausbildung entfernen und sich weniger auf die Raumtransportsysteme und mehr auf die im All durchzuführenden Arbeiten konzentrieren.

Theoretisch kann sich bisher jede*r Astronaut*in nennen, der/die in über 80 (US-Luftwaffe und NASA) bzw. 100 km Höhe (übrige Welt) geflogen ist. Die Vereinigung geflogener Astronaut*innen ASE nimmt aber bisher nur Personen auf, die mindestens einen Erdorbit absolviert haben. Da in Zukunft immer mehr Menschen ohne spezielle Ausbildung als Tourist*innen in den Orbit und darüber hinaus fliegen werden, werden sich auch die Aufnahmekriterien in diesen exklusiven Club ändern, voraussichtlich auch die Definition Astronaut*in. Ähnlich wie man beim Fliegen nur solche Menschen Pilot*in nennt, die das Fliegen beherrschen, wird Astronaut*in wieder eine Berufsbezeichnung werden, wie sie es am Anfang war.

Auswahl

Bisher wählten ausschließlich staatliche Institutionen (wie die NASA) Kandidatinnen und Kandidaten zur Ausbildung als Berufsastronaut*innen aus. Inzwischen machen das auch Privatfirmen.

Eine Auswahl zum/zur Raumfahrt-Tourist*in erfolgte bisher neben der Klärung finanzieller Fragen zunächst über einen medizinischen Test. Die bisher mit der Sojus-Rakete geflogenen Tourist*innen absolvierten jeweils in Russland eine einige Monate dauernde Kosmonauten-Grundausbildung. Auch das wird sich in Zukunft ändern, wie der erste, 2021 durchgeführte dreitägige Flug einer Touristengruppe mit SpaceX gezeigt hat.

Staatliche Institutionen führen die Astronaut*innenauswahl in der Regel durch eine Ausschreibung. In Europa übernimmt das die ESA. Bei solchen Ausschreibungen wird jeweils für die nächsten 10 bis 15 Jahre die nächste Generation von – je nach Bedarf – fünf bis zehn Astronaut*innen gesucht. Diese werden gemeinsam zu Berufsastronaut*innen ausgebildet. Falls zusätzlich weitere Astronaut*innen gebraucht werden, werden vor einer weiteren Ausschreibung einzelne Kandidat*innen als Nachrücker der letzten Auswahl rekrutiert, die dann ein Spezialtraining bekommen. Da die Ausbildung zu einem Berufsabschluss führt und die etwa 20-jährige aktive Berufslaufbahn in einer Zeit sein sollte, in der man ein Höchstmaß an Leistung erbringen können soll, ist der ideale Zeitpunkt, um Berufsastronaut*in zu werden, ein paar Jahre nach Beendigung eines Studiums, um einerseits eine sehr gute akademische Vorbildung zu haben, andererseits bereits erfolgreiche

Berufs- oder fliegerische Erfahrung nachweisen zu können. Deshalb liegt das ideale Bewerbungsalter zwischen etwa 30 und 35 Jahren, es können sich in der Regel aber bis zu 50-Jährige bewerben.

Zu den besonders qualifizierenden Berufsvoraussetzungen zählen bisher ein Pilot*innenschein (je höherklassig, desto besser) und ein abgeschlossenes ingenieur- oder naturwissenschaftliches Studium einschließlich Medizin. Diese Voraussetzungen sind nicht zwingend, bieten aber bessere Chancen zum Bestehen der Eignungsprüfung bei der Auswahl, als vorherige geisteswissenschaftliche Ausbildung bzw. Tätigkeit.

In der Vergangenheit bewarben sich bei der ESA in so einer Ausschreibung jeweils viele tausend Personen (in der aktuellen Ausschreibung über 22.500). Zusätzlich zu üblichen Bewerbungsunterlagen muss dabei in der Regel auch ein medizinisches Tauglichkeitszeugnis als Pilot*in beigefügt sein und man sollte gute Englischkenntnisse haben. Die Auswahlkommission wählt dann von diesen Bewerber*innen etwa 1000 Kandidat*innen aus, die zur mehrstufigen Eignungsprüfung eingeladen werden. Diese beinhaltet Leistungstests, psychologische Tests und Interviews. Am Ende gehen aus diesen Auswahlen etwa 100 Vorfinalist*innen in die medizinische Auswahluntersuchung, die etwa 50 % der Kandidat*innen bestehen. Aus diesen Finalisten werden dann die neuen Astronaut*innenschüler ausgesucht. Typische Gründe für ein Ausscheiden sind zunächst eine Nichterfüllung der Bewerbungsvoraussetzungen, ungenügende Leistungen bei der Prüfung oder Augenprobleme.

Zu wichtigen Auswahlkriterien zählt, dass man in möglichst vielen Gebieten gute bis sehr gute Leistungen vorweisen kann. Genies auf einem oder wenigen Gebieten werden keine Chance haben, wenn sie in anderen Gebieten Defizite aufweisen. Großer Wert wird auf Teamfähigkeit gelegt: die klassischen Alpha-Tiere werden aussortiert. Natürlich müssen erfolgreiche Bewerber*innen dreidimensional denken können, da sie sich ja später in den unterschiedlichsten Positionen dreidimensional orientieren müssen. Die Kandidat*innen werden intensiv bezüglich ihrer Stressfähigkeit getestet und ob sie beim gleichzeitigen Lösen verschiedener komplexer Aufgaben ruhig und handlungsfähig bleiben.

Viele Auswahltests sind von Testbatterien für Berufspilot*innen abgeleitet. Details werden streng geheim gehalten, damit man sich nicht gezielt vorbereiten kann. Andererseits sollten sich Bewerber*innen vor den Auswahlterminen möglichst gut vorinformieren, um später von den abgefragten Themenbereichen nicht überrascht zu sein. Für Berufspiloten-Bewerber*innen gibt es auch Online-Testfragen oder Seminare. Wenn auch nicht alle Fragenbereiche identisch sind, kann man dadurch vielleicht einiges darüber herausfinden, auf welchen Gebieten vor einer Aufnahmeprüfung noch Lücken gefüllt werden können.

Viele Kandidat*innen sind sich nicht darüber im Klaren, dass am Ende mehr Kandidat*innen als geeignet befunden werden, als tatsächlich gebraucht werden. Deshalb wird in der Auswahl jeder mögliche Grund gegen den/die Kandidaten*in verwendet. Dies nennt man in der Fachsprache „select out". Wenn später nach der Millionen Euros teuren Ausbildung ein medizinisches Problem auftritt, das eigentlich untauglich machen würde, dann versucht man alle Möglichkeiten auszuschöpfen, um für diese/n Kandidaten*in eine Ausnahme zu machen. Dies ist dann das sogenannte „select in", das immer wieder eigentlich jetzt untauglich gewordenen Personen erlaubt, doch (noch) einmal zu fliegen.

In der Finalrunde sitzen im Auswahlgremium Vertreter geflogener Astronaut*innen, der ESA und verschiedener nationaler europäischer Raumfahrtorganisationen. Auswahlkriterien in dieser letzten Runde sind persönliche Ausstrahlung, Fähigkeit, in der Öffentlichkeit publikumswirksam aufzutreten, sowie nationale Interessen der entsprechenden nationalen Raumfahrtagenturen (große Einzahler in die ESA wollen jeweils eine bestimmte Anzahl aus ihrem Land, kleine Länder wollen auch mal drankommen etc.). Die Finalauswahl ist also eher eine politische Auswahl als eine aufgrund der Fähigkeiten – alle Finalist*innen haben ja das Zeugnis, geeignet zu sein. Am Ende ist es dann also eher Glückssache, wer von den geeigneten Personen ausgewählt wird.

Training

Das Training von Berufsastronaut*innen (Abb. 6.1) unterscheidet sich sehr von dem von Space-Tourist*innen. Während letztere allenfalls trainieren, um alle Systeme so zu kennen, dass sie im Notfall helfen können, um nichts zu beschädigen und um die physischen und psychischen Herausforderungen auszuhalten, müssen die Berufsastronaut*innen ein mehrstufiges und mehrjähriges Intensivtraining absolvieren.

Dabei ist die erste Stufe die anderthalbjährige Grundausbildung, die die Kandidat*innen mit erforderlichen Kenntnissen in Elektrotechnik und Raumfahrttechnik ausstattet, sie mit den verschiedenen Wissenschaftsgebieten vertraut macht, die in der astronautischen Raumfahrt von Bedeutung sind und in der sie die in Zukunft von ihnen genutzten Raumtransportsysteme kennen lernen, um mit ihnen arbeiten und sie im Notfall auch reparieren zu können. Von besonderer Bedeutung waren bisher

Abb. 6.1 *Astronaut*innentraining im Unterwasserbecken der ESA in Köln.* (Foto: ESA)

Intensivsprachkurse in Russisch, da zurzeit alle Astronaut*innen, die auf die Internationale Raumstation fliegen, Englisch und Russisch perfekt beherrschen müssen. Für die neuen Astronaut*innen werden Russischkenntnisse nicht mehr erforderlich sein. Da Landungen auch an anderen Stellen als den vorgesehenen Landeplätzen erforderlich sein könnten, müssen trainierende Astronaut*innen auch Überlebenstrainings absolvieren (Abb. 6.2). Sie könnten ja mitten im Winter in der Tundra landen oder irgendwo bei eisigen Temperaturen im Meer, und sollten trotzdem in der Lage sein, zu überleben. Dazu kommen z. B. Kurse in Robotik, Tauchkurse, Trainieren von Kopplungs- und Andockmanövern sowie Verhaltens- und Leistungstraining. Erlernte Fähigkeiten werden mit Tests überprüft; die harte Grundausbildung ist nur beendet, wenn alle Tests erfolgreich bestanden sind. Wer diese erste Phase der Ausbildung erfolgreich bestanden hat, darf sich bereits Astronaut*in nennen, auch wenn er/sie noch nicht geflogen ist.

Im Anschluss kann bereits eine spezifische Missionsvorbereitung erfolgen, meist gehen die Astronaut*innen jetzt aber in ein Fortgeschrittenentraining. In diesem erlernen sie verschiedene spezielle Fähigkeiten wie Außeneinsätze an Bord und die Bedienung von Robotern, absolvieren erneutes intensives Sprachtraining, Verhaltenstraining oder Training der Leistungsfähigkeit.

Abb. 6.2 *Alexander Gerst beim Überlebenstraining in Russland.* (Foto: ESA)

Für eine spezifische Missionsvorbereitung werden nach Leistungs- und Eignungstests Crews zusammengestellt, die aus Personen bestehen, deren Eignungen sich bezüglich der speziellen Aufgabenstellungen dieses künftigen Fluges so ergänzen, dass möglichst alle benötigten Fähigkeiten vorhanden sind. Diese Missionsvorbereitung dauert etwa zweieinhalb Jahre. In dieser Zeit trainieren die Astronaut*innen in den entsprechenden Zentren, in denen die Raumstationsmodule sind, in denen sie später arbeiten werden. Sie müssen also gemeinsam mit ihrem Team für das Training in amerikanischen Modulen nach Houston fliegen, für das japanische Modul Kibo nach Tsukuba bei Tokyo, für die russischen Module ins Sternenstädtchen bei Moskau, für das Columbus-Modul der ESA nach Köln in das

Europäische Astronautenzentrum oder ins Trainingszentrum Saint-Hubert nach Quebec (Kanada) zum Training mit dem Canadarm. Seit kurzem steht auch Kalifornien auf dem Trainingsplan, weil dort die mit SpaceX fliegenden Astronauten ausgebildet werden. Diese Trainingszeit ist sehr aufwendig, ist sehr reiseintensiv und auch für die Familien der Beteiligten sehr entbehrungsreich.

Das Training kann in „nominales" und „off-nominales" Training unterschieden werden. Im nominalen Training lernen die Astronaut*innen die Aufgaben zu verstehen und durchzuführen, Raumschiff- und Raumstationssysteme und deren Bedienung sowie Reparaturen zu bewerkstelligen etc.

Im off-nominalen Training werden Probleme einprogrammiert. Es kann also passieren, dass während der Durchführung eines Biologieexperiments Feueralarm ausgelöst wird oder während der Arbeit „der Kabinendruck abfällt". Dann müssen die Astronaut*innen abwägen, welche Tätigkeit nun die sinnvollste ist und wie die Situation geklärt wird, ohne dass viel Schaden entsteht. Insgesamt ist das off-nominale Training für einen Missionserfolg von zentraler Bedeutung.

Auch Wissenschaftler*innen, die ein Experiment an Bord haben, müssen gelegentlich zum off-nominalen Training. Ich kann mich gut erinnern, dass ich bei so einer Simulation einmal, nachts um drei Uhr im Kontrollzentrum vor dem Bildschirm dösend, mitbekam, dass wohl eine Blutzentrifuge „nicht funktioniere" und dass deshalb die Bodencrew den Astronauten empfahl, die Blutproben eben ohne Zentrifugation einzufrieren. Ich hatte dabei nicht gemerkt, dass in Wirklichkeit getestet wurde, ob ich eingeschlafen wäre und ob ich einen vernünftigen Ratschlag geben würde. Zum Glück wunderte ich mich nicht nur im Stillen, sondern ließ mich mit der Bodencrew verbinden und bat zu versuchen, den Fehler zu finden und zu beheben, weil sonst das Experiment verloren wäre.

Am Ende der Ausbildung steht dann endlich der Flug, der von allen Beteiligten sehnlichst erwartet wird. In der letzten Woche vor einem Start gehen die Astronaut*innen in Quarantäne, um die Gefahr zu vermindern, dass während des Flugs an Bord eine ansteckende Krankheit ausbricht.

Das Training von Astronaut*innen, die mit privaten Firmen flogen, wird sich in Zukunft auf die Vorbereitung auf spezifische Aufgabenstellungen während des Aufenthalts im Weltraum konzentrieren. Die neuen Möglichkeiten künstlicher Intelligenz, die auch auf der Erde das autonome Fahren ermöglichen, machen beim Transport in das All Pilot*innen zunehmend überflüssig. Nur die Firma Virgin Galactic ist mit ihrer Kombination von Flugzeug und Raketenflugzeug noch auf Pilot*innen angewiesen.

Auswirkungen von Raumflügen auf den Menschen

Alle Astronaut*innen, die ich persönlich kenne, berichten, dass sie am liebsten „morgen" wieder in Schwerelosigkeit sein wollen. Sie fühlen sich sehr schnell in Schwerelosigkeit wohl und träumen manchmal noch nach Jahrzehnten, schwerelos zu sein, was anscheinend immer ein sehr positives Gefühl ist. Meist ist der Aufenthalt in Schwerelosigkeit für die Astronaut*innen ein unvergleichliches Erlebnis, obwohl sie in dieser Zeit sehr hart arbeiten müssen. Kein Wunder, dass sehr viele Menschen davon träumen, einen Urlaub im Weltraum machen zu können. Trotzdem treten medizinische Probleme auf, die im kommenden Kapitel beschrieben werden.

Bisher aufgetretene Gesundheitsprobleme bei Flügen der NASA

Die NASA veröffentlichte 2019 eine Zusammenstellung aller Gesundheitsprobleme, die während des Space Shuttle-Programms und Flügen zur MIR-Station und der ISS aufgetreten sind. In Tab. 6.1 sind die häufigsten Vorfälle wiedergegeben und mit einer kurzen Erklärung versehen.

Tab. 6.1 *Häufigste Gesundheitsprobleme während Flügen von NASA-Astronauten mit dem Space Shuttle, auf die MIR-Station und die ISS. (Nach [NASA])*

Gesundheitsproblem	Häufigkeit	Ursache
Verstopfte Nase	389	Flüssigkeitsverschiebung zum Kopf
Rückenschmerzen	382	Streckung der Wirbelsäule und Verdickung der Bandscheiben
Übelkeit	325	Anpassung an Schwerelosigkeit
Schlafprobleme (früh)	299	Anpassung an Schwerelosigkeit
Kopfschmerzen (früh)	233	Flüssigkeitsverschiebung zum Kopf
Schlafprobleme (spät)	133	Erhöhter Hirndruck?
Verstopfung	133	Flüssigkeitsverschiebung zum Kopf
Hautausschläge	94	Verminderte Immunabwehr, schlechte Hygiene
Hautabschürfungen	94	Technische Umwelt
Fremdkörper im Auge	70	Schwerelosigkeit
Kopfschmerzen (spät)	49	Erhöhter Hirndruck?
Atemwegsinfekt	33	Verminderte Immunabwehr
Durchfall	33	verminderte Immunabwehr
Rückenverletzung	31	Abbau Haltemuskulatur
Barotrauma	31	Probleme mit Druckausgleich bei EVA
Verlust eines Fingernagels	16	Abhebelung während EVA

Im Folgenden sind einzelne Themenbereiche etwas detaillierter dargestellt.

Beschleunigungstoleranz

In der orbitalen Raumfahrt starten Astronaut*innen auf der Spitze einer Rakete, die sie binnen etwa acht Minuten in die Umlaufbahn und damit auf etwa 28.800 km/h Geschwindigkeit bringt. Im Unterschied zur landläufigen Meinung bedeutet das nicht extreme Beschleunigung, sondern die Astronaut*innen müssen nur je nach Raketentyp zwei bis drei Mal – nachdem eine Raketenstufe abgetrennt wurde und die nächste erneut beschleunigt – kurze Beschleunigungsspitzen von etwa dem Drei- bis Vierfachen der Erdbeschleunigung aushalten. Dies kann man eigentlich sogar ohne spezielles Training. Allerdings könnten im Notfall beim Start deutlich höhere Beschleunigungen auftreten; beim Landen ist die Bremsbeschleunigung viel intensiver, dauert länger als beim Start und kann bis über 6 g betragen. Deshalb absolvieren Berufsastronaut*innen vor dem Start mit der Sojus-Rakete ein intensives Zentrifugentraining im Sternenstädtchen, um für den Notfall auch deutlich höhere Beschleunigungen bis zu mindestens 9 g zu tolerieren.

Beim Landen mit dem Sojus-System sind sie einer Bremsbeschleunigung ausgesetzt, die für fast zwei Minuten über dem 4-Fachen der Erdbeschleunigung beträgt. Dies wiederum ist schwer tolerierbar, auch ist dann das Kreislaufsystem nach Monaten in Schwerelosigkeit meist besonders empfindlich. Außerdem kommt es beim Öffnen des Fallschirms zu Schüttelbewegungen. Astronaut*innen reagieren dann oft mit Übelkeit und mit Kreislaufproblemen.

Für Flüge mit dem „sanft fliegenden" Space Shuttle war kein Zentrifugentraining nötig gewesen. Inzwischen trainieren SpaceX Mannschaften die Flugprofile im weltweit größten privaten Trainingszentrum NASTAR in Southampton, PA.

Beim Starten und Landen sind die Astronaut*innen in liegender Position, die Beschleunigungsrichtung geht also von der Brust zum Rücken (Start) bzw. vom Rücken zur Brust (Landen). Diese Position, also die +Gx- bzw. die -Gx-Beschleunigung, toleriert man wesentlich besser als Beschleunigung in y- (quer) oder z-Richtung (Kopf-Fuß bzw. umgekehrt).

Gleichgewichtssinn

Eine gewisse Übelkeit empfinden fast alle Astronaut*innen in den ersten Tagen in Schwerelosigkeit. Das Gleichgewichtssystem muss sich erst umgewöhnen: Im Innenohr drücken normaler Weise wegen der Erdschwerkraft kleine, in eine gallertige Masse eingebettete Steinchen („Otolithen") auf Sensoren, sodass man zwischen Oben und Unten unterscheiden kann, was von den Augen bestätigt wird. In Schwerelosigkeit schweben diese Steinchen aber und zeigen nichts an. Die Augen sehen aber. Einige meinen dann, oben sei dort, wo die Augen sind, andere meinen, dort sei oben, wo beim Training gelernt wurde, dass oben ist. Aber der/die Astronaut*in schwebt vielleicht gerade so, dass der Kopf in der Nähe des erlernten Bodens ist. Wenn man nun den Kopf bewegt, dann lösen die Steinchen einen Reiz aus. Der wird aber jetzt verstärkt wahrgenommen. Und dies steht alles im Missklang mit dem Auge, das ja dem/der Astronauten*in sagt: Jetzt war keine Beschleunigung, sondern ich stehe auf dem Kopf. Dem Menschen ist von der Entwicklungsgeschichte her aber mitgegeben: Wenn das Auge und das Innenohr unterschiedliche Signale zur Lage oder Beschleunigung geben, dann liegt wahrscheinlich eine Vergiftung vor. Das Gehirn entscheidet dann: Kein neues Gift aufnehmen, also Übelkeit. Dann Gift raus, also sich übergeben. Manche Astronaut*innen reagieren deshalb während der Anpassung an Schwerelosigkeit mit deutlicher Übelkeit und mit Erbrechen. Erbrechen kann in diesen ersten Tagen bei einer schnellen Kopfbewegung auch direkt ohne Übelkeitsgefühl ausgelöst werden. Ein Beutel zur Aufnahme von Erbrochenem gehört deshalb in den ersten Tagen immer in die Hosentasche. Da sich aber alle Astronaut*innen binnen Tagen umgewöhnen, wird diese Übelkeit – zumindest für länger in der Umlaufbahn bleibende Berufsastronaut*innen – nicht als großes Problem gesehen. Die Qualität eines mehrtägigen touristischen Aufenthalts in einem Weltraumhotel kann das aber deutlich beeinträchtigen. Oft nehmen Astronaut*innen deshalb vor einem Raumflug oder in den ersten Tagen prophylaktisch Medikamente, um dieser Übelkeit vorzubeugen und trainieren, während der Anpassung an Schwerelosigkeit den Kopf möglichst nicht isoliert zu bewegen, sondern nur mit dem gesamten Körper.

Körperlänge

Ein interessantes Phänomen betrifft die Körperlänge. Misst man diese vor und etwa einen Tag nach Eintritt der Schwerelosigkeit, dann nimmt sie bei den meisten Astronaut*innen um etwa 5 bis 10 cm zu. Zum einen wird die kurvige Wirbelsäule anders als auf der Erde in Schwerelosigkeit nicht mehr zusammengequetscht, sondern kann sich entspannen. Zum anderen kann sich in den Bandscheiben, die ja ein gallertiges Puffersystem für die Wirbelsäule darstellen, mehr Wasser einlagern, sodass diese etwas dicker werden. Fast alle Astronaut*innen bekommen aufgrund dieser Dehnung der Wirbelsäule (teils sehr heftige) Rückenschmerzen, die auch über Wochen anhalten können. In Folge werden häufig zum Teil starke Schmerzmittel eingenommen. Ursprünglich hatte man vermutet, diese Schmerzen seien Dehnungsschmerzen. Die Gründe sind zwar noch immer nicht ganz geklärt. Am wahrscheinlichsten ist aber, dass sich Rückenmuskeln der Dehnung widersetzen, sich deshalb kontrahieren und dann irgendwann mit schmerzhaften Muskelkrämpfen reagieren. Nach einiger Zeit in Schwerelosigkeit verschwinden diese Schmerzen, die Haltemuskulatur wird sogar abgebaut – sie wird ja nicht mehr benötigt. Nach der Landung sind deshalb Astronaut*innen, die über Monate im All waren, etwas anfälliger für Bandscheibenvorfälle.

Flüssigkeitsverschiebung und Hirndruck

Der Kreislauf stellt sich sofort nach Eintreten der Schwerelosigkeit um, da die Flüssigkeit im Körper nicht mehr von der Schwerkraft nach unten gedrückt wird. Man kann schnell sehen, dass die Halsvenen hervortreten – auf der Erde wäre das ein bekanntes Zeichen für eine vorliegende Herzinsuffizienz –, dass das Gesicht und vor allem die Augenlider anschwellen („Puffy Face Syndrome"). Auf der Erde würde das auf ein Nierenleiden hindeuten. Andererseits werden die Beine schlank („Spider Legs") mit damit einhergehendem Kältegefühl, es werden ja etwa zwei Liter von der unteren in die obere Körperhälfte verschoben. Viele Astronaut*innen empfinden es auch als unangenehm, dass Mund- und Nasenschleimhaut anschwellen und man ein Gefühl bekommt, als ob man eine Erkältung hätte. Auch das Riechen und Schmecken verschlechtern sich, weil die Schleimhäute und damit auch Geruchs- und Geschmacksknospen zuschwellen. Häufig ist das Ganze mit Dumpfheitsgefühl im Kopf sowie Kopfschmerzen verbunden. Neben den Rückenschmerzen ein weiterer Grund, warum (aus kulturellen Gründen insbesondere amerikanische) Astronaut*innen vor allem in den ersten Missionswochen häufig zu Schmerzmitteln greifen.

Wahrscheinlich hängt auch das Phänomen des „Space Brain" mit der Flüssigkeitsverschiebung zusammen: Viele Astronaut*innen berichten in den

ersten Tagen über ein dumpfes Gefühl im Kopf und über Konzentrations-
und Denkschwierigkeiten. Zum Glück gibt sich das Gefühl nach einigen
Tagen, an denen die Astronaut*innen wenige Aufgaben haben, weil sie
zunächst lernen müssen, wie man sich in Schwerelosigkeit sinnvoll bewegt,
Kollisionen mit Raumschiffwänden und mit Kolleg*innen sowie Übelkeit
vermeidet.

Da etwa zwei Liter Flüssigkeit in die obere Körperhälfte verschoben
werden, werden Reflexmechanismen aktiviert, die zu mehr Urinproduktion
und zu vermindertem Hunger- und Durstgefühl führen. Die meisten
Astronaut*innen nehmen deshalb in der ersten Woche deutlich an Masse
ab. Kommt später der Appetit wieder, dann nimmt die Körpermasse zwar
wieder zu, der Flüssigkeitsverlust wird aber nicht ganz ausgeglichen. Wenn
sie später landen, dann fehlt diese Flüssigkeit. Um die anschließende
Kollaps-Anfälligkeit zu vermindern, trinken viele Astronaut*innen deshalb
vor der Landung Wasser und schlucken Salztabletten. Einige trinken statt-
dessen aus dem Lebensmittelvorrat Hühnersuppe, die gut schmeckt, viel
Salz enthält und ebenfalls ihren Zweck erfüllt.

Wegen der vermehrten Flüssigkeitsfülle staut sich auch Blut in den
Venen der oberen Körperhälfte. Ultraschalluntersuchungen zeigten sogar
bei einigen Astronaut*innen Thrombosen in den Halsvenen [Marshall-
Goebel et al.] – zum Glück ist bisher noch kein Fall einer Lungenembolie
aufgetreten, was passieren würde, wenn sich so ein Thrombus löst. Da diese
Thromben zwar im Kopfbereich, aber in Venen sind, würden sie nicht in
das Gehirn transportiert, sondern zunächst in das Herz und von da in die
Lungen. Und dort würden sie irgendwann stecken bleiben.

Vor einigen Jahren kam ein amerikanischer Astronaut einige Wochen
nach seinem mehrmonatigen Flug zu einem NASA-Augenarzt und
beschwerte sich, dass er seit seinem Flug eine neue Brille mit deutlich
mehr Dioptrien brauchte. Ein solches Phänomen war vorher nicht bekannt
gewesen, die NASA hatte ja hauptsächlich Erfahrung mit Kurzzeitflügen der
Shuttle-Ära. Zufällig war der Augenarzt häufig auch in Intensivstationen
beschäftigt gewesen und hatte dort Patient*innen mit Augenproblemen bei
erhöhtem Hirndruck behandelt. Bei der Untersuchung bemerkte er nun
Symptome, die er von solchen Patient*innen kannte: Der Astronaut hatte
hinter den Augäpfeln Schwellungen, die den Augapfel etwas zusammen-
drückten und die geänderte Sehstärke erklären konnten. Zusätzlich fanden
sich aber auch Schwellungen am Eintritt des Sehnervs ins Auge und weitere
Veränderungen, die Zeichen für das Vorliegen erhöhten Hirndrucks
waren. Sofort wurde ein Untersuchungs-Programm bei Astronaut*innen
auf der Raumstation gestartet. Der Verdacht bestätigte sich: Bei vielen

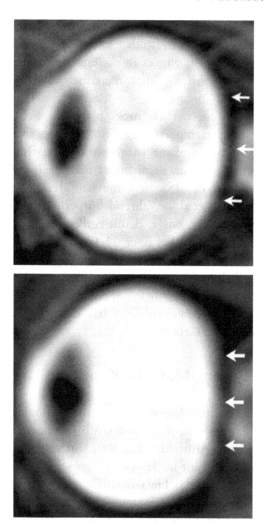

Abb. 6.3 *Augenprobleme nach Langzeitaufenthalt auf der Internationalen Raum-station (Abb: Radiological Society of North America 2012) oben: normaler Augapfel vor dem Flug unten: abgeflachter Augapfel nach dem Flug*

Astronaut*innen sind während und nach Langzeitflügen klare Zeichen erhöhten Hirndrucks zu sehen [Mader; Lee et al.; Seedhouse]. Bei einigen Astronaut*innen sind die Schädigungen an den Augen (Abb. 6.3) nach den Flügen nicht voll reversibel.

Seit mehreren Jahren wird zu diesem Thema intensiv sowohl im Labor als auf der Raumstation geforscht; es besteht ja sogar die Gefahr, dass Astronaut*innen während eines Fluges erblinden könnten. Vor Flügen zum

Mars muss diese Problematik geklärt sein. Wegen der ähnlichen Systematik bei Patient*innen mit erhöhtem Hirndruck, bei denen ebenfalls die Augenproblematik nicht geklärt ist, gibt es in diesem Themenbereich bei großen Forschungsprojekten intensive Zusammenarbeit zwischen Raumfahrt-, Augen-, und Intensivärzt*innen.

Dass mit dem erhöhten Hirndruck auch die bei Astronaut*innen gemessene erhöhte Körpertemperatur zusammenhängt, ist zwar wahrscheinlich, der mögliche Zusammenhang ist aber nicht ursächlich geklärt. Misst man die Körperkerntemperatur, dann findet man nach mehreren Monaten bei Astronaut*innen auf der ISS in Ruhe eine Temperaturerhöhung um bis zu ca. 1 Grad [Stahn et al.]. Während körperlichem Training oder bei schwerer körperlicher Arbeit, wie z. B. im Außenbordeinsatz, können aber deutlich höhere Temperaturen bis über 41 Grad gemessen werden. Bisher wurden bei Astronaut*innen nach Trainingssitzungen oder nach schweren Außenbordarbeiten keine Symptome hohen Fiebers wie Halluzinationen festgestellt, aber es ist zumindest bekannt, dass diese Gefahr existiert. Das Berliner Zentrum für Weltraummedizin hat diese Problematik entdeckt forscht intensiv auf diesem Gebiet.

Herz- Kreislaufsystem, Muskeln, Knochen

In Schwerelosigkeit ist ein/e Astronaut*in immer im Schwebezustand. Das Herz und das Kreislaufsystem müssen deshalb nie einen Lagewechsel ausgleichen und z. B. beim Aufstehen den Kreislauf und die Herzfunktionen aktivieren, um genügend Blut in das Gehirn zu schicken. Wie alle Körperfunktionen passt sich auch das Herz-Kreislaufsystem an diesen geänderten Bedarf an. Deshalb beginnt dieses System schon in den ersten Tagen herabreguliert zu werden. Der Blutdruck sinkt etwas, die Herzfrequenz bleibt weitgehend unverändert, aber die Dicke der Herzwände nimmt langsam ab [Norsk]. Ohne Fitnesstraining würden Astronaut*innen bereits nach etwa einer Woche Raumflug nach dem Landen Kreislaufbeschwerden mit Kollapsneigung bekommen. Zum Glück ist dank intensiven Trainings diese Problematik inzwischen weitgehend unter Kontrolle.

Wie alle Körpergewebe bauen bei Nichtbenutzung auch Muskeln ab. In Schwerelosigkeit sind dabei vor allem die Muskeln betroffen, die wir zum Stehen, zum Gehen und zum Laufen, also zur Bekämpfung der Schwerkraft benötigen. Um diesen Muskelabbau zu verhindern, wird auf der Raumstation ein intensives täglich etwa zwei Stunden dauerndes Fitnesstraining durchgeführt, dessen Erfolg häufig von der Motivation der Astronaut*innen abhängt und von der Zeit, die ihnen dafür zur Verfügung steht. Inzwischen schaffen es manche Astronaut*innen sogar, körperlich fitter aus einem Raumstationsaufenthalt zurückzukehren, als sie es vorher waren.

Obwohl die derzeit auf der Raumstation vorhandenen Trainingsgeräte gut funktionieren [Hackney et al.], haben sie den Nachteil, sehr viel Platz einzunehmen und die Astronaut*innen müssen über zwei Stunden täglich trainieren. Deshalb wird intensiv nach Verbesserungen gesucht. Zum Forschungsprogramm während des Aufenthalts von Matthias Maurer Ende 2021/Anfang 2022 auf der Raumstation gehört deshalb beispielsweise die Frage, ob das wenig Aufwand und Platz erfordernde Muskeltraining mittels Elektromyostimulation, wie es im EMS-Training seit Jahren in Fitnessstudios angewandt wird, das intensive bisherige Muskeltraining auf der ISS erleichtern und verkürzen kann.

Ähnlich wie mit den Muskeln oder dem Kreislauf verhält es sich auch mit den Knochen. Auch Knochen, der nicht belastet wird, wird in Schwerelosigkeit abgebaut. Dies ist also ein Abbau wegen Inaktivität und hat kaum etwas mit den Vorgängen der Osteoporose zu tun, die im Alter auftritt. Die Altersosteoporose ist ein genereller Knochenabbau, der hormonell verursacht ist und deshalb das gesamte Skelettsystem betrifft. Nur der zusätzliche Knochenabbau im Alter, der mit Inaktivität verbunden ist, kann mit dem Knochenabbau bei Astronaut*innen verglichen werden. Bei Astronaut*innen wirken ja im Unterschied zu hohem Alter die männlichen bzw. weiblichen Geschlechtshormone in Schwerelosigkeit, deren Abnahme im Alter auf der Erde Osteoporose-fördernd ist. So werden in Schwerelosigkeit vor allem Knochenareale abgebaut, die beim Gehen und Laufen gebraucht werden, also Ferse, Unterschenkel, Hüftkopf, Becken und untere Wirbelsäule, während andere Areale wie Armknochen, Schädel, Brustknochen auch ohne intensives Fitness-Training der Astronaut*innen kaum oder nicht an Knochenmasse verlieren.

Durch den vermehrten Knochenabbau, der ohne intensives Fitness-Training auftritt, besteht auch die Gefahr, dass vermehrt Kalzium über die Nieren ausgeschieden wird und dass man Nierensteine bekommt, die dann Nierenkoliken verursachen können [Pietrzyk et al.]. Wer also schon einmal Nierensteine hatte oder bei dem die Gefahr besteht, welche zu bekommen, kann nicht Astronaut*in werden oder bleiben. Bei den meisten Astronaut*innen ist die Knochendichte einige Monate nach Rückkehr zur Erde wieder zum Vor-Wert zurückgekehrt [Orwoll et al.]. Bei einigen Astronaut*innen werden diese Verluste aber auch trotz intensiven Fitnesstrainings nur zum Teil oder gar nicht aufgeholt. Bisher ist nicht klar, warum dies so ist. Wahrscheinlich sind genetische Gründe die Ursache.

Zusammenfassend können wir feststellen, dass in Schwerelosigkeit Körperfunktionen wie Kreislaufregulation, Knochen- und Muskelsystem so funktionieren wie auf der Erde: Wird das System intensiv genutzt, dann wird es in seiner Funktion gestärkt, wird es nicht benötigt, dann wird es abgebaut. Als Modell für das Altern können diese Systeme nur insofern übertragen werden, als bei zunehmendem Alter häufig körperliche Aktivität reduziert wird, weshalb dann entsprechende Körperfunktionen ebenfalls abgebaut werden.

Immunabwehr

In Schwerelosigkeit reagiert das Immunsystem schlagartig schlechter [Crucian et al.]. Dies kann man schon beim Studium einzelner Immunzellen wie bei Makrophagen feststellen. Beim Parabelflug gibt es Phasen von 1 g Schwerkraft, bei der Einleitung einer Parabel das 1,8-fache, dann Schwerelosigkeit, dann wieder 1,8 g gefolgt von normaler Schwerkraft. Zeitgleich steigt bei erhöhter Beschleunigung die Reaktionsfähigkeit dieser Zellen stark an, wird in Schwerelosigkeit massiv unterdrückt, steigt dann mit 1,8 g wieder stark an und normalisiert sich wieder im Geradeausflug [Adrian et al.]. Die genauen Gründe für diese sofortigen Änderungen sind bisher nicht genau bekannt. Es muss sich wegen der Geschwindigkeit der Reaktion um eine schnelle Änderung der Aktivität von Molekülen, also der Funktion vorhandener Signalübertragungsmechanismen, und nicht um eine Neubildung handeln.

Nach einem Raumflug kann man aber bei Astronaut*innen noch für Wochen eingeschränkte Immunfunktion feststellen. Neben sofortiger Funktionsänderung des Immunsystems gibt es also auch eine langfristige Änderung.

Immunzellen reagieren in Schwerelosigkeit nicht nur schlechter, sondern umgekehrt scheinen Mikroorganismen die Schwerelosigkeit zu lieben: viele Bakterienarten vermehren sich schneller. Im Unterschied zu verminderter zellulärer Abwehr sind die Spiegel einiger Abwehrstoffe (Cytokine) nach einiger Zeit oft erhöht und Astronauten neigen dann vermehrt zu allergischen Reaktionen [Crucian et al.].

Pilze vermehren sich an den Raumstationswänden (Abb. 6.4), an Oberflächen der Geräte und Kabel: oberflächliche Pilzinfektionen an der Haut von Astronaut*innen sind wohlbekannt und treten viel häufiger auf als auf der Erde.

Abb. 6.4 *Pilzrasen an einer Raumstationswand.* (Foto: Roskosmos)

Dazu kommt die erhöhte Strahlung, die Mutationen befördert und aus „normalen" Mikroorganismen gefährliche Keime machen kann. Regelmäßiges Sammeln von Mikroorganismen mittels Abstrichen von Oberflächen und spätere Analyse im Labor auf der Erde gehört deshalb zum Routine-Raumstationsprogramm. Leider überwuchern Pilzrasen auch sensitive Geräte und können diese funktionsuntüchtig machen. Bekanntes Beispiel sind Feuermelder, die dann ihre Funktion einstellen könnten und deshalb ebenfalls regelmäßig auf ihre Funktion überprüft werden.

Die Entwicklung antimikrobieller Oberflächen ist deshalb für die astronautische Raumfahrt ein wichtiges Zukunftsthema [Paton et al.]. Auch das DLR-Institut für Luft- und Raumfahrtmedizin arbeitet auf diesem

Gebiet mit verschiedenen europäischen Instituten zusammen und führt – wie bei der Mission Cosmic Kiss von Matthias Maurer – dazu auf der ISS Experimente durch.

Schließlich führt erhöhte Strahlung auch beim Menschen zu erhöhten Mutationsraten, die Krebsgefahr steigt also. Da verschiedene Krebsarten durch das Immun-System beeinflusst werden, ist die erniedrigte Immunabwehr in Schwerelosigkeit auch in dieser Hinsicht eine Gefahr.

Astronaut*innen berichten immer wieder, dass sie während des Trainings, also vor Weltraumaufenthalten, öfter Schnupfen oder Erkältungskrankheiten bekommen, als zu anderen Zeiten. Dies liegt möglicher Weise an den vielen Flügen mit Jet Lag, die sie absolvieren müssen, an fehlender Anpassungszeit vor hartem Training und dem häufigen Wechsel von Klimazonen, dem sie ausgesetzt sind.

Haut

Bei Astronaut*innen treten im Flug überproportional häufig Probleme an der Haut auf [Farkas & Farkas] wie Hautjucken, Rötungen, Hautausschläge, oberflächliche Hautpilz-Infektionen. Das hängt wahrscheinlich zum einen ebenfalls mit dem wenig aktiven Immunsystem zusammen und zum anderen mit dem idealen Wachstumsmilieu für Mikroorganismen in Schwerelosigkeit. Einige vermuten auch, dass die Körperhygiene leidet, da sich die Astronaut*innen während ihres Aufenthalts im All nicht mit fließendem Wasser waschen oder duschen können. Auch Reaktivierung von Herpes mit entsprechenden juckenden und nässenden Hautstellen wird immer wieder beobachtet.

Strahlung

Fast alle Astronaut*innen sehen während ihrer Raumflüge weißliche Lichtblitze, manchmal sogar einen so hellen Blitz, dass sie denken, jemand würde mit einem Blitzlicht fotografieren. Diese Blitze werden als angenehm empfunden. Fragt man Astronaut*innen danach, dann erzählen sie sehr gerne über diese Erfahrung. Am intensivsten werden die Blitze wahrgenommen, wenn sich die Augen kurz vor dem Einschlafen an die Dunkelheit angepasst haben und damit besonders lichtempfindlich sind. Während eines Überfliegens der südatlantischen Anomalie können ganze Schauer solcher Lichtblitze gesehen werden. Dies gibt einen Hinweis auf die Herkunft: Hochenergetische Strahlung. Diese schönen Strahlenschauer entstehen zum Teil, wenn hochenergetische Strahlen, Protonen und schwere Ionen, durch den Augapfel fliegen, dort abgebremst werden und deshalb sogenannte Tscherenkow-Strahlung emittieren, also Lichtblitze, die dann auch als solche wahrgenommen werden. Wahrscheinlich sind die Blitze teilweise auch durch direkte Interaktion der Teilchen mit der Retina zu erklären [Fuglesang et al.]. Jahre nach längeren Aufenthalten im All treten bei Astronaut*innen übrigens vermehrt Katarakte, also Linsentrübungen bzw. „Grauer Star", auf; deren Häufigkeit korreliert mit der im All erhaltenen Gesamtstrahlendosis [Chylack et al.].

Für die Strahlenbelastung von Astronaut*innen hauptverantwortlich sind hochenergetische Protonen und hochenergetische schwere Ionen sowie deren Sekundär- und Tertiärstrahlen. Da diese hochenergetischen Strahlenarten auf der Erde selbst nach nuklearen Katastrophen nicht vorkommen, ist die Quantifizierung des Gefährdungspotenzials noch immer mit großen Unsicherheiten behaftet. Man kann aber grobe Vergleiche anstellen: Wenn das Weltraumwetter normal ist, also keine größere Sonneneruption erfolgt, dann beträgt auf der Internationalen Raumstation die durchschnittliche tägliche Strahlenbelastung etwa so viel wie die Gesamtbelastung eines Jahres auf der Erde. Fliegt man in Richtung Mars, wäre sie doppelt so hoch. Aber auch im Lunar Gateway wird sie etwa doppelt so hoch sein wie auf der Internationalen Raumstation. Bei einer Sonneneruption schützt dann das Erdmagnetfeld nicht mehr. Leider sind Sonneneruptionen nicht gut vorhersagbar. Am meisten gefährdet sind die Astronaut*innen bei einer solchen Sonneneruption während eines Weltraumspaziergangs. Im Erdorbit können solche Eruptionen die Strahlungsintensität so stark erhöhen, dass sogar die Gefahr des Auftretens einer akuten Strahlenkrankheit bestünde. Auf dem Weg zum Mars können Sonneneruptionen noch deutlich höhere Strahlenintensitäten erreichen, da dann kein schützendes Magnetfeld der Erde mehr vorhanden ist.

Die NASA will mit ihren für Astronaut*innen festgelegten Strahlenmaximaldosen erreichen, dass das durch die Astronaut*innenlaufbahn zusätzliche Risiko (also zusätzlich zum vorhandenen Risiko) an Krebs zu sterben drei Prozent nicht übersteigt. Deshalb werden für Männer und Frauen sowie verschiedene Altersgruppen unterschiedliche Gesamtdosen festgelegt. Außerdem sind unterschiedliche Gesamtdosen für Gewebe festgelegt, die zusätzlich geschädigt werden können, ohne dabei Krebs zu erzeugen (Linsen, Haut, Herz, zentrales Nervensystem, Knochenmark). Diese Dosen werden laufend überprüft und gegebenenfalls angepasst [Cucinotta].

Strahlung ist wegen des Krebsrisikos eines der größten Risiken für die Gesundheit der Astronaut*innen. Dagegen kann man drei Arten von Strahlenschutzmaßnahmen einsetzen: Entweder den Körper von außen vor Strahlung schützen oder die körpereigenen Strahlenschutzsysteme aktivieren – oder schneller fliegen. Am besten ist eine Kombination der drei Methoden. Strahlenschutz von außen erfolgt derzeit über die Raumschiffwände, die aus mehreren Schichten verschiedenen Materials bestehen. Dabei besteht aber das Problem, dass sehr dicke Raumschiffwände, wie sie eigentlich nötig wären (z. B. dicke Aluminiumwände), aus Kosten- und Gewichtsgründen nicht in den Orbit geschickt werden können. Das Hauptproblem stellen bei dünneren Strahlenschutzwänden hochenergetische schwere Ionen dar. Diese werden dann zwar abgebremst, geben während der Abbremsung aber Bremsstrahlung ab, die dann paradoxer Weise gefährlicher sein kann als die ursprüngliche höherenergetische Strahlung: Während ein hochenergetisches schweres Ion alles abtötet, was ihm entgegenkommt, wird niedriger energetische Strahlung Zellen nicht unbedingt töten, sondern kann dort etwa „nur" ein Molekül der DNS verändern und dadurch eine Mutation auslösen, die dann zu Krebs führt. Deshalb wäre es eigentlich gut, zum Strahlenschutz meterdicke Wände aus sanftem Strahlenschutzmaterial, wie z. B. Wasser, um die Astronaut*innen zu positionieren, damit hochenergetische Strahlung langsam und ohne Abgabe gefährlicher Sekundärstrahlung abgebremst wird. Auch dies ist aber aus Massegründen nicht machbar. Einige Wissenschaftler schlagen auch vor, um Raumschiffe ein starkes Magnetfeld zu erzeugen, das dann die Strahlung ablenkt. Leider würde aber ein solches Schutzschild so viel Energie benötigen, wie sie derzeit nicht lieferbar ist. Auch die Masse eines solchen Magneten müsste sehr hoch sein. Neue Untersuchungen lassen aber hoffen, dass mithilfe von Supraleitern, z. B. von Magnesiumbromid, ein solches magnetisches Schutzschild ermöglicht werden könnte. Auch an magnetischen Schutzschirmen mit Plasma wird geforscht.

Man kann auch die körpereigenen Strahlenschutzmechanismen aktivieren. Mutationen, die später zu Krebs führen können, treten ja bei Zellteilungen ständig auf, auch wenn man nicht im Weltraum der Strahlung ausgesetzt ist. Krebs bekommt man aber nur dann, wenn die sogenannten Reparaturenzyme, also körpereigene Moleküle, die Strahlenschäden reparieren, mit der Reparatur-Arbeit nicht hinterherkommen, weil zu viele Schäden gleichzeitig verursacht werden. Man hat inzwischen verschiedene sogenannte Reparaturenzyme identifiziert und forscht an den Regulationsmechanismen, also daran, wie man erreicht, dass die Reparaturenzyme vermehrt gebildet werden und effektiver arbeiten können.

Es klingt banal, aber auf dem Weg zum Mars sollte man vor allem die direkteste Strahlenschutzmaßnahme nutzen: Schneller fliegen und sich dadurch weniger lange der Weltraumstrahlung aussetzen. Mit heutigen Antrieben dauert eine Reise zum Mars in einer Richtung mindestens 6 Monate. Wegen der Bahnmechanik von Erde und Mars müsste man dann für mindestens ein Jahr auf dem Mars verbleiben, bis sich Erde und Mars wieder so nahe sind, dass man – wiederum sechs Monate lang – zurückfliegen kann. Eine so lange Flugdauer von insgesamt zwei Jahren würde die künftige Krebsgefahr von Astronaut*innen deutlich erhöhen. Außerdem würden während dieser Flugdauer durch die hohe Strahlung im Gehirn der Astronaut*innen so viele Nervenzellen zerstört, dass die Möglichkeit bestünde, dass im Anschluss Ausfälle von Gehirnfunktionen eintreten könnten. Würde man aber in Zukunft z. B. von Nuklearreaktoren mit Energie versorgte Ionenantriebe entwickeln, dann könnte man die Flugdauer in eine Richtung auf etwa 40 Tage verkürzen, man könnte auch nach kurzem Aufenthalt wieder zurückfliegen und würde so die Strahlengefahr dramatisch vermindern. Die DARPA (Forschungsagentur des US-Verteidigungsministeriums mit Jahresbudget von ca. 3 Mrd. US$) hat inzwischen erste Groß-Aufträge für die Entwicklung eines solchen Antriebs in Konkurrenz an die Firmen Blue Origin und Lockheed Martin vergeben.

Schlaf (Abb. 6.5)

Viele Astronaut*innen haben Schlafprobleme. Auch das könnte mit dem erhöhten Hirndruck zusammenhängen. Einschlafmittel gehören neben Schmerzmitteln (Rückenschmerzen und Kopfschmerzen) zu den häufigsten an Bord genommenen Medikamenten.

Psyche

Man hatte bald nach Beginn der astronautischen Raumfahrt bemerkt, dass Missionen nicht sehr erfolgreich sind, wenn die Astronaut*innenteams nicht zusammenpassen und die Stimmung während einer Mission nicht gut ist – eine Feststellung, die auch aus anderen Bereichen des Lebens wohlbekannt ist. Seit vielen Jahren werden deshalb Crews ausgewählt, die über Jahre gemeinsam trainieren, gemeinsam feiern und auch die Familien und Partner*innen ihrer Kolleg*innen gut kennen. Außerdem wird großer Wert darauf gelegt, dass während einer Mission die Möglichkeit besteht, sich in seine Privatsphäre zurückzuziehen und persönlichen Vorlieben nachzugehen.

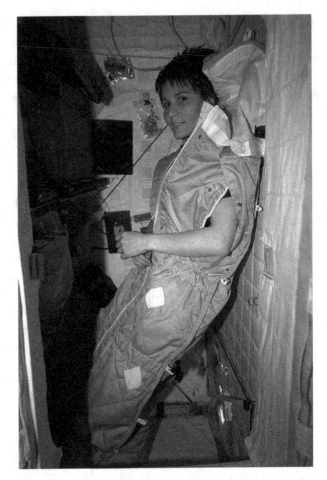

Abb. 6.5 *Die italienische ESA-Astronautin Samantha Cristoforetti beim Schlafengehen in ihrer persönlichen Kabine auf der ISS.* *(Foto: ESA)*
Es scheint, als ob sie stehen würde. Tatsächlich ist aber in Schwerelosigkeit die Körperposition egal

Seit einigen Jahren besteht auch eine gute Kommunikationsbasis zur Erde, sodass auch privater Kontakt zur Familie ohne Probleme möglich ist.

Man kann – wie bei allen Tätigkeiten, bei denen man über längere Zeit mit Kolleg*innen zusammengesperrt ist (Antarktismissionen, U-Bootfahrten etc.) den Langzeit-Aufenthalt im Weltraum in etwa vier Phasen einteilen: In der ersten, einige Wochen dauernden Phase ist man begeistert und hoch motiviert, will möglichst viel schaffen und schon die ersten Erfolge erzielen. Dann kommt die Phase der Ermüdung. Man schläft zu wenig, ist deshalb unausgeschlafen, es gibt kaum Abwechslung und man ist eingesperrt, man ist zunehmend gereizt und vermisst das normale Leben auf der Erde. Dann kommt nach ein paar Monaten die Eremitenphase: Man beginnt, sich noch weiter zurückzuziehen, ist von der inzwischen eingetretenen Monotonie gelangweilt, reagiert eher allergisch auf Befehle vom Boden, will der Boden-Crew erklären, warum man etwas so oder so und nicht so macht, wie es die Bodencrew will, die eh keine Ahnung hat, etc. Dann kommen die Wochen vor der Landung. In dieser Zeit steigt die Stimmung wieder, man hat es ja bald überstanden, ist froh, so viel geschafft zu haben und will noch Resterfolge erzielen. Aber Vorsicht: War man mit jemandem zusammen, mit dem man sich nicht so gut verstanden hat wie ursprünglich gedacht, oder kommt man mit einer Person der Kontrollzentrums-Crew nicht gut zurecht, dann kann es jetzt zu Wutausbrüchen kommen. Man weiß im Hinterkopf, dass man mit dieser Person in Zukunft nicht mehr zusammenarbeiten will und muss, und kann direkt Dampf ablassen. Zum Glück sind die Astronaut*innen und die Bodencrews auch in dieser Hinsicht gut ausgebildet, deshalb passieren inzwischen solche Anfängerfehler praktisch nicht mehr.

Notfall, Gefahr durch Weltraumschrott

In einem geschlossenen Lebenserhaltungssystem im lebensfeindlichen Weltraum kann jedes Problem eskalieren, zu einem Notfall und zu einer lebensbedrohlichen Situation werden. In den Kontrollzentren wird deshalb ständig das Lebenserhaltungssystem einer Raumstation durch das Bodenpersonal überwacht.

Dazu gehören viele Parameter einschließlich Druck, Temperatur, Luftzusammensetzung mit Kohlendioxidgehalt. Es kommt gelegentlich vor, dass Mikrometeoriten bzw. Weltraumschrottteile kleine Löcher in die Raumschiffwand schlagen. Dies bemerkt man an Druckverlust, worauf eine manchmal tagelange Suche erforderlich ist, bis das Mini-Leck gefunden und repariert ist. Dafür sind gelegentlich auch Außeneinsätze erforderlich. Besonders gefürchtet ist ein Brand an Bord, weil nicht nur direkt Gefahr durch Ausfall lebenswichtiger Systeme und Rauchvergiftung besteht, sondern auch indirekt durch langsame Ansammlung von Giften in der Luftwiederaufbereitungsanlage, was zu einer chronischen Vergiftung der Astronaut*innen führen könnte. Leider gab es in der Vergangenheit bereits ein paar Mal Rauchentwicklung bzw. kleinere Brände, was angesichts der vielen Elektronik an Bord nicht verwunderlich ist. Bei einem größeren

Notfall oder Brand müssten alle Astronaut*innen in eine Rückkehrkapsel steigen und gegebenenfalls zur Erde zurückkehren. Dies kann binnen Stunden realisiert werden.

Für kleinere medizinische Notfälle sind Notfallausrüstungen und Notfallmedikamente an Bord. Mindestens ein Mitglied einer Astronaut*innencrew muss sich vor einem Flug durch ein Spezialtraining zur/zum „Crew Medical Officer" qualifizieren, also z. B. Spritzen verabreichen können, intubieren und reanimieren oder auch ausgefallene Zahnplomben wieder notdürftig einpassen können.

Nahrung

Seit einigen Jahren gibt es auf der Internationalen Raumstation eine reichliche Auswahl gut schmeckender Nahrung (Abb. 6.6). Da in der Vergangenheit Astronaut*innen öfter bemängelt hatten, dass Essen, das auf der Erde gut schmeckt, in Schwerelosigkeit fade schmecken würde, sind viele Speisen stärker gewürzt als hier auf der Erde. Gelegentlich bekommen die Astronaut*innen bei Nachschubflügen auch frisches Obst und Gemüse, oder auch Salate und Gemüse, die auf der Raumstation im Rahmen von Forschungsprojekten gezüchtet werden.

Abb. 6.6 *Dinner für neun Personen auf der ISS (01.10.2019).* (Foto: NASA)

Da auf der Raumstation künstliches Licht herrscht und die Raumstations-
fenster alles UV-Licht ausfiltern, sind die Astronaut*innen auf Ergänzung
von Vitamin D angewiesen, das sie in Kapseln zu sich nehmen. Die Russen
supplementieren die Darmflora der Astronaut*innen mit speziellen Bifidus-
Bakterien in Joghurts.

Krebs

Bisher kann man noch keine verlässlichen Statistiken über das Auftreten
von Krebs bei Astronaut*innen machen, weil man für eine aussagekräftige
Statistik Daten sehr vieler Personen bräuchte. In einer ersten Studie [Elgart
et al.] an bisher 39 von 73 verstorbenen NASA-Astronauten der ersten
Generationen war die Todesrate dieser Astronauten wegen Krebs oder
Herz-Kreislaufproblemen im Vergleich zur Normalbevölkerung deutlich
erniedrigt, was wahrscheinlich am „Healthy Worker-Effekt" liegt. Zum
Beruf von Astronauten gehört ja, körperlich fit und gesund zu sein und
seinen Gesundheitszustand regelmäßig überprüfen zu lassen.

Die Hauptgefahr, an Krebs zu erkranken, kommt von der erhöhten
Strahlenbelastung. Deshalb trägt jede/r Astronaut*in immer ein persönliches
Strahlendosimeter am Körper, um sowohl die kurzfristige Strahlenbelastung
als die Lebensstrahlendosis zu erfassen.

Zusammenfassung wichtigste Gesundheitsprobleme

Fasst man die Gesundheitsprobleme zusammen, dann stellen derzeit das
ungelöste Problem mit dem erhöhten Hirndruck und seiner möglichen
Folgen (die nicht nur zu bleibenden Sehveränderungen, sondern bis zur
Erblindung oder zu dauerhaften Hirnschäden führen könnten) sowie die
Gefahr von Krebserkrankungen aufgrund der hohen Strahlenbelastung
die größten Herausforderungen dar. Aufgrund intensiven Fitnesstrainings
auf der Internationalen Raumstation sind inzwischen die Probleme des
Knochen- und Muskelabbaus sowie der Kreislaufumstellung etwas in den
Hintergrund gerückt. Allerdings sind für dieses Training bisher große und
komplexe Geräte nötig, wie sie auf der Internationalen Raumstation leicht
Platz finden. Im Lunar Gateway und auf dem Weg zum Mars werden die
Trainingsgeräte wesentlich leichter und kleiner sein müssen.

Sex im Weltraum

Funktioniert Sex im All? Eine oft gestellte Frage. Die Antwort: Bestimmt! Aber es gibt noch keinen Bericht dazu.

Freischwebend wird Sex wohl nicht funktionieren. Deshalb wurden in den letzten Jahren verschiedene Methoden entwickelt, um Sex möglich zu machen. Es gibt zum Beispiel einen Anzug bzw. eine Art von Schlafsack, den man befestigen kann und in den zwei Personen passen. Auf dem Mond oder Mars werden solche Hilfskonstruktionen nicht nötig sein.

Die nächste Frage ist, ob in Schwerelosigkeit auch ein Baby gezeugt werden kann. Das funktioniert zumindest bei Fischen. Fische müssen in Schwerelosigkeit zunächst neu lernen, in die richtige Richtung zu schwimmen. Wenn sie das können und sich finden, funktioniert die Kopulation und der Nachwuchs gedeiht prächtig. Diese Versuche wurden von japanischen Forschern im Space Shuttle durchgeführt, bald nach der Zeugung und Geburt waren die Jungfische wieder unter 1 g-Bedingungen und erfreuten sich bester Gesundheit. In vielen japanischen Schulen gibt es noch heute Aquarien mit Nachkommen der in Schwerelosigkeit gezeugten Medakas [Ijiri].

Ein weiteres Hindernis könnte sein, dass wegen der Flüssigkeitsverschiebung in die obere Körperhälfte eine Erektion schwächer ausfallen könnte als auf der Erde. Bei Mäusen oder anderen Wirbeltieren hat Sex in Space bisher nicht für Nachwuchs gesorgt, wofür wohl auch die Frage der Technik – wie schaffen es Mäuse zu kopulieren – der Hauptgrund ist. Bei in vitro-Versuchen mit Spermien und Eiern in Schwerelosigkeit fand man aber, dass Fertilisation funktioniert. In der frühen Embryonalentwicklung von Mäusen zeigten sich dann aber Abweichungen von normaler Entwicklung. Diese waren nach Rückkehr zu 1 g-Bedingungen auf der Erde zwar korrigierbar. Aber man sollte bei einem Aufenthalt im All keine Babys zeugen, so lange nicht eindeutig geklärt ist, ob bei Versuchstieren die folgende Entwicklung normal verläuft.

Da jetzt bald Tourist*innen zu Weltraumhotels fliegen werden, wird die Thematik Sex in Space bald geklärt sein. Mit der Zeugung von Nachkommen sollten künftige Weltraumtouristen aber, wie eben erklärt, sehr vorsichtig sein.

Altern

In vieler Hinsicht ähneln Aufenthalte im All dem Alterungsprozess. Nicht, weil die Hormonproduktion ähnlich wie beim Altern verliefe, sondern, weil man in höherem Alter häufig zu wenig Sport betreibt und sich zu

Abb. 6.7 *Mark (links) und Scott (rechts) Kelly, eineiige Zwillinge und Astronauten.*
(Foto: NASA)
Scott Kelly war vom März 2015 bis März 2016 auf der ISS. Sein Bruder Mark diente in dieser Zeit als seine Kontrollperson auf der Erde

wenig bewegt. Entsprechende Muskeln und Knochenareale werden rückgebildet und man ist vermehrt kollaps-gefährdet. All dem kann man durch körperliches Training gegensteuern und kann von der Entwicklung neuer Trainingsmethoden gegenseitig profitieren. Da die Ab- und späteren Aufbauprozesse bei Aufenthalten im All deutlich schneller ablaufen als beim Altern, die Effekte bei Astronaut*innen umkehrbar sind und die Abläufe bei Astronaut*innen mit qualitätsgesicherten Protokollen studiert werden, ist es einfacher, bei dieser Population neue Trainingsverfahren wissenschaftlich zu bewerten als beim Altern.

Nach längeren Aufenthalten im All kann man auch genetische Veränderungen finden, wie sie beim Altern beobachtet werden. Vor ein paar Jahren flog in der „Zwillingsstudie" Scott Kelly für ein Jahr zur ISS, sein eineiiger Zwillingsbrunder Mark diente in dieser Zeit als seine Kontrollperson auf der Erde (Abb. 6.7) [Garrett-Bakelman]. Zunächst nahm im All die Länge von Telomeren zu. Telomere befinden sich am Ende von DNS-Strängen und schützen sie; im Alterungsprozess verkürzen sie sich. Zunahme ist also eigentlich gut, allerdings nimmt die Telomerlänge auch bei einigen Krebsarten zu. Nach der Landung verkürzten sich bei Scott aber die Telomere und waren dann kürzer als vor seinem Start. Einige blieben dauerhaft verkürzt. Bei seinem Bruder Mark gab es keine Änderungen. Verkürzungen von Telomeren weisen in der Regel auf fortgeschrittenes Altern hin. Da diese Daten aus einer einzigen Studie an zwei Personen kommen, sollte man aber mit der Interpretation sehr vorsichtig sein.

Seit man die Hirndruckproblematik von Astronaut*innen kennt, werden immer neue teils beängstigende Details über Veränderungen der Hirndurchblutung, der Produktion und des Abbaus von Gehirnflüssigkeit, einer Veränderung von Hirnsubstanz und von Veränderungen am Auge berichtet. Kürzlich wurden auch Anstiege von Markern beschrieben, die auf Gehirnschädigungen hinweisen [zu Eulenburg]. Solche Veränderungen können langfristig zu bleibenden Schäden führen. Dazu zählen dann auch mögliche bleibende Schädigungen kognitiver Fähigkeiten. Alles dies kann zu vorzeitigem Altern führen.

Dazu kommen auch Schädigungen durch die Weltraumstrahlung. Hochenergetische Teilchen zerstören beim Flug im All täglich viele Nervenzellen, die nur langsam wieder ersetzt werden. Theoretisch könnte also bei mehrjährigem Aufenthalt im All wegen der Dauerbestrahlung eine langsame Abnahme kognitiver Fähigkeiten eintreten.

Insgesamt sind alle diese Teilaspekte so wichtig, dass sie heute im Zentrum raumfahrtmedizinischer Forschung stehen. Die Hirndruckproblematik steht dabei im Mittelpunkt. Dass wir Raumfahrtmediziner*innen davon abraten, zum Mars zu fliegen, bevor mit neuen Antrieben die Flugzeit massiv verkürzt werden kann – oder bevor effektive Gegenmaßnahmen entwickelt sind – ist hoffentlich gut nachvollziehbar.

Fitnesstraining im All

Seit auf der Internationalen Raumstation drei komplexe Fitnessgeräte installiert sind, haben sich die Probleme des Knochen- und Muskelabbaus sowie der Kreislauf-Dekonditionierung während eines Aufenthalts in Schwerelosigkeit massiv vermindert [Laughlin]. Inzwischen kommen Astronaut*innen auch nach monatelangem Aufenthalt in Schwerelosigkeit meist ohne solche Probleme zurück zur Erde. Bei einigen nehmen Muskelkraft und Knochendichte in Schwerelosigkeit sogar zu.

Trotzdem sucht man weiter nach Verbesserungen des Fitnesstrainings und von Trainingsgeräten. Mit zwei Stunden Training täglich plus etwa einer halben Stunde Vor- und Nachbereitung dauert das Training noch zu lange. Nicht alle Astronaut*innen sind davon begeistert, auch ist es unangenehm, sich nach massivem Schwitzen nicht duschen, sondern nur mit feuchtem Handtuch abwischen und die verschwitzte Wäsche nicht immer wechseln zu können.

Abb. 6.8 *Alexander Gerst trainiert auf der ISS mit dem Laufband COLBERT.* (Foto: NASA)

Die Herausforderung ist deshalb, Trainingsmöglichkeiten zu finden, die täglich oder im Intervall nicht lange dauern, Spaß machen und dieses Training an Geräten zu machen, die nicht klobig sind, sondern leicht zu verstauen.

Beim Fitnesstraining, also z. B. beim Laufen, Ergometertraining oder Gewichtheben entstehen Schwingungen, die einerseits Experimente stören können, andererseits für die Stabilität von Strukturen ein Gefährdungspotenzial bieten. Deshalb sind Trainingsgeräte mit einer aufwändigen Schwingungsdämpfung ausgestattet. Trotzdem können während Trainingsphasen sensible Experimente nur bedingt durchgeführt werden.

Die drei wichtigsten Trainingsgeräte (Abb. 6.8, 6.9 und 6.10) auf der Internationalen Raumstation sind bisher: Ein Laufband, das COLBERT

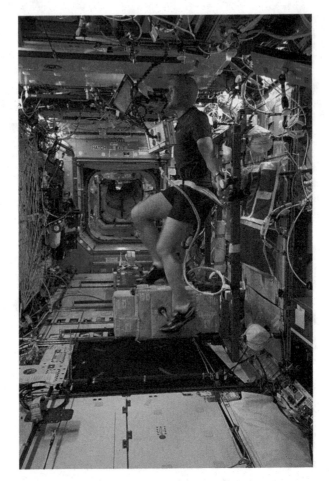

Abb. 6.9 *Alexander Gerst trainiert auf der ISS am CEVIS.* *(Foto: NASA)*

(„Combined Operational Load-Bearing External Resistive Treadmill"),
ein Fahrradergometer, das CEVIS („Cycle Ergometer, Vibration ISolated")
sowie ein Gerät zum „Gewichtheben", das ARED („Advanced Resistive
Exercise Device"). Mit dem Laufband, an dem man sich mit elastischen
Strippen befestigt, um beim Laufen darauf gedrückt zu werden, werden
die Muskel- und Knochenareale trainiert, die man auch beim Stehen und
Laufen auf der Erde benötigt. Laufbandtraining ist deshalb speziell gegen
den spezifischen Knochen- und Muskelabbau im All wirksam. Das Fahrradergometer dient eher genereller Fitness und wirkt speziell der Kreislauf-Dekonditionierung in Schwerelosigkeit entgegen. Mit dem komplexen
Gerät ARED werden unterschiedliche Kraftübungen für Muskelgruppen

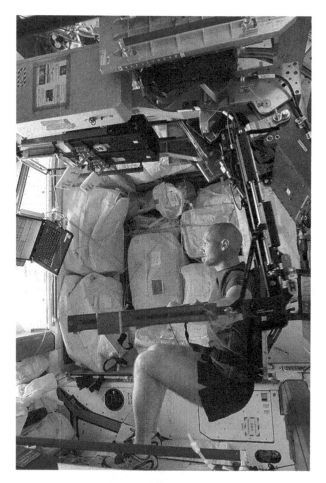

Abb. 6.10 *Alexander Gerst trainiert auf der ISS am ARED.* (Foto: NASA)

im ganzen Körper inclusive „Gewichtheben" trainiert. Training mit dem ARED hat letztlich den Durchbruch dazu geschafft, dass inzwischen mit der Kombination der drei Trainingsgeräte das Fitnesstraining auf der ISS erfolgreich durchgeführt werden kann.

Das Fitnesstraining der Astronauten wird von der jeweiligen Kontrollstation auf der Erde regelmäßig überwacht. Für Europäische Astronaut*innen ist dafür das Europäische Astronautenzentrum EAC in Köln zuständig, für amerikanische und kanadische Astronaut*innen das Kontrollzentrum in Houston, für die Russen das Kosmonautenzentrum im Sternenstädtchen zusammen mit dem IBMP in Moskau und für japanische Astronauten das Kontrollzentrum in Tsukuba bei Tokyo.

Astronaut*innen, die weniger als zwei Wochen im All bleiben, absolvieren kein intensives Trainingsprogramm. Also müssen für künftige Weltraumtouristen, die nur eine Woche im All bleiben, keine speziellen Trainingsgeräte entwickelt werden. Da Weltraumtouristen aber wie „echte" Astronauten behandelt werden wollen, wird es in Weltraumhotels auch für diese Trainingsangebote geben.

Auf dem Wege zum Mars wird voraussichtlich nicht genügend Platz für komplexe Trainingsgeräte sein. Man denkt deshalb daran, künftige Raumschiffe zum Mars als sehr lange Strukturen zu bauen, die in Rotation gebracht werden, damit die an einem Ende wohnenden Astronaut*innen um das Zentrum rotieren und dadurch einer künstlichen Schwerkraft ausgesetzt sind. Man könnte auch ähnlich dem ursprünglichen Konzept von Wernher von Braun entsprechend einen Torus bauen, der sich dreht. Außen würde z. B. 0,3 G Beschleunigung herrschen, im Zentrum wäre man schwerelos. Für erste Flüge zum Mars wären solche Konzepte aber zu aufwändig. Deshalb sind derzeit herkömmliche Raumschiffstrukturen für Flüge zum Mars vorgesehen, wie etwa das Starship der Fa. SpaceX.

Eine neue Möglichkeit für Fitnesstraining in Schwerelosigkeit ist, auf einer kleinen Kurzarmzentrifuge zu trainieren, bei der sich der Kopf in der Mitte befindet (Abb. 6.11). Dadurch bleibt während der Drehung der Kopf

Abb. 6.11 *Kurzarmzentrifuge im :envihab des DLR in Köln.* (Foto: DLR)

in Schwerelosigkeit. Bewegt man den Kopf während der Drehung nicht, dann wird einem auch nicht übel. Durch den Körper geht dann ein Schwerkraftgradient; an den Arealen, die in Schwerelosigkeit am meisten entlastet werden, herrscht also die höchste Beschleunigung. Kombiniert man das z. B. mit Laufband- oder Ergometertraining, dann wird der Trainingseffekt deutlich verstärkt. Gleichzeitig wird durch die zunehmende Beschleunigung in Richtung Füße die Körperflüssigkeit in diese Richtung gedrückt und der Hirndruck wird entlastet. Gerade wegen dieses Effekts, dass beim Fitnesstraining und evtl. sogar beim Schlafen der Hirndruck gesenkt werden kann, wird in verschiedenen Raumfahrtzentren an dieser Thematik geforscht. So betreibt das DLR in Köln eine solche Kurzarmzentrifuge. Während die NASA-Kurzarm-Zentrifuge vor einigen Jahren bei einem Hurrikan in Galveston ruiniert wurde, betreibt neben dem DLR auch das Forschungszentrum MEDES in Toulouse und das IBMP in Moskau jeweils eine Kurzarmzentrifuge. Diese Labor-Anlagen sind sehr klobig und schwer; für die Anwendung im All existieren aber inzwischen Konzepte von Kurzarmzentrifugen in Leichtbauweise.

Kurz vor Fertigstellung der ISS konnten Kollegen der NASA, des M.I.T. und meines Instituts einer Wissenschaftskommission der NASA erfolgreich einen ausführlichen Vorschlag vorstellen, eine solche Leichtbau-Zentrifuge auf der ISS zu installieren, um sie zum Training zu nutzen und zu untersuchen, ob sie die Hirndruckproblematik vermindern könne. In der späteren technischen Implementierungs-Überprüfung wurde unser Vorschlag aber abgelehnt, weil in der kurzen zur Verfügung stehenden Zeit nicht geklärt werden konnte, ob das Rotieren einer solchen Humanzentrifuge Schwingungen hervorrufen würde, die die ISS in Eigenschwingung versetzen und dann zum Auseinanderbrechen führen könnten. Wir waren über diese Entscheidung zwar enttäuscht, aber auch froh darüber, dass wir nicht in die Geschichtsbücher eingegangen sind als die, die die Internationale Raumstation zum Bersten gebracht hatten.

Die Fima Orbital Assembly Corporation plant, ihr erstes Space-Hotel als rotierendes Rad mit einem Durchmesser von über 35 m zu bauen. Durch die Rotation soll Mars-Schwerkraft hergestellt werden, wodurch die Dekonditionierung sowie die Gefahr erhöhten Hirndrucks deutlich gesenkt wäre. Der Durchmesser von 35 m wird als Mindestdurchmesser angesehen, um wegen der Drehung Übelkeitssymptome zu vermeiden.

Später soll dann auch ein klassischer Torus mit deutlich größerem Durchmesser gebaut werden und die außen liegenden Crew-Räume sollen durch einen Gang mit dem Zentralbereich verbunden sein, in dem dann Schwerelosigkeit herrscht. Ein sich drehender Torus kann also auch als großes Trainingsgerät angesehen werden.

Betreuung nach der Landung

Nach der Landung sind einige Astronaut*innen in gutem Gesundheitszustand, andere aber reagieren mit Kreislaufproblemen und vielen ist nach
der Landung auch übel. Mit der Sojus-Kapsel Landende (Abb. 6.12) werden

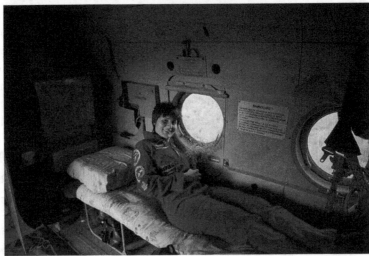

Abb. 6.12 *Die ESA-Astronautin Samantha Cristoforetti zurück auf der Erde 2015.*
oben: Bergung. Samantha wird über eine Art von Rutsche aus der Kapsel geborgen.
unten: Im SAR-Helikopter – sie kann den Kopf lächelnd schon wieder heben. (Fotos: S.
Corvaja, ESA)

deshalb aus ihrer Kapsel gehoben und in ein aufblasbares Zelt oder einen speziellen Bus („All-Terrain-Vehicle") gebracht, wo sie sich zunächst hinlegen können, wo Blutabnahmen und Kreislauftests vorgenommen werden und wo sich gelegentlich Kosmonat*innen, die Raucher sind, wieder die erste Zigarette nach Monaten genehmigen, bevor dann aufgestanden wird und man sich wieder der Öffentlichkeit präsentiert.

Dann geht es zu einem Empfang zur kasachischen Hauptstadt Astana und von dort in einem mehrstündigen Flug weiter zum Sternenstädtchen bei Moskau. Astronaut*innen aus dem Westen, die bisher mit den Russen flogen, wurden von Astana aus nach Houston in das NASA-Reha-Zentrum bzw. nach Köln (ESA-Astronauten) zum :envihab des DLR gebracht, wo dann nach dem Ausschlafen intensive Untersuchungsreihen und das Reha-Programm begannen. Schon bald nach den ersten Gesundheitsuntersuchungen, manchmal schon in der ersten Nacht, können die Astronaut*innen zu Hause schlafen und müssen anschließend für weitere Untersuchungen und Erhebung wissenschaftlicher Daten tagsüber ins „Reha-Zentrum :envihab" kommen. Schrittweise wird dann das Reha-Programm in ein individualisiertes Fitnessprogramm umgewandelt und der normale Tagesablauf mit vielen sogenannten Debriefings (was ist wann wie gemacht worden und gelaufen, was hat funktioniert oder nicht, was sollte geändert oder weggelassen werden etc.) beginnt wieder. Natürlich werden viele Pressetermine angesetzt, die Öffentlichkeitsarbeit ist in vollem Gange.

Bezüglich der Wiederanpassung an Schwerkraft berichten Astronaut*innen oft, dass sie sich wundern, wie schwer sich plötzlich die Arme anfühlen und dass sie sogar merken, dass die Eingeweide nach unten drücken. Wenn sie eine Treppe steigen, beim Gehen den Kopf schnell drehen oder beim Duschen unbewusst den Kopf schütteln, werden sie leicht schwindelig oder es wird ihnen übel. Nach ein paar Tagen sind diese Symptome aber wieder weg. Bis man aber einen Fußball wieder präzise schießen oder ohne Probleme Autofahren kann, vergehen allerdings oft Wochen.

Das Gesundheitsprogramm schaltet schrittweise in eine Langzeitbetreuung um, die Astronaut*innen werden zumindest während ihrer aktiven Laufbahn in ein engmaschiges Gesundheitsprogramm integriert.

Inzwischen werden die westlichen Astronaut*innen, die mit SpaceX fliegen, nach der Landung im Golf von Mexiko nach Houston gebracht, wo sie ebenfalls ihr Reha-Programm absolvieren. ESA-Astronaut*innen werden zur Rehabilitation nach Köln geflogen und dann im :envihab des DLR sowie im Europäischen Astronautenzentrum betreut.

Zum Weiterlesen

https://www.esa.int/About_Us/Careers_at_ESA/ESA_Astronaut_Selection
https://www.nastarcenter.com/
https://en.wikipedia.org/wiki/Visual_impairment_due_to_intracranial_Pressure
https://www.astronews.com/news/artikel/2003/04/0304-013.shtml

7

Medizinische und lebenswissenschaftliche Forschung

Forschung zur Betreuung von Menschen in Schwerelosigkeit sowie generell lebenswissenschaftliche Forschung unter Weltraumbedingungen dient dem angewandten Zweck, besser zu verstehen, wie Menschen im Weltall gesund leben können. Sie nutzt auch die Möglichkeit, Grundlagenforschung zum Verständnis der Bedeutung von Schwerkraft und Beschleunigung für Regelmechanismen lebendiger Systeme auf der Erde zu betreiben.

Lebenswissenschaftliche Forschung befasst sich auch mit der Frage nach Leben außerhalb der Erde und nach intelligentem Leben anderswo im Weltall.

Für diese Forschung sind spezielle Forschungsanlagen erforderlich, die, wie verschiedene wissenschaftliche Fragestellungen, im folgenden Kapitel beschrieben werden.

Analog-Anlagen

Bei einer Langzeit-Isolationsstudie des Moskauer Instituts für Biomedizinische Probleme IBMP, die durchgeführt wurde, um die Zusammensetzung künftiger Crews und deren Interaktionen mit der Bodenstation zu untersuchen, war es in der Neujahrsnacht 2000 zu einer Prügelei gekommen; außerdem fühlte sich eine nichtrussische Studienteilnehmerin in dieser Nacht sexuell belästigt. Im Anschluss beendete sie das Experiment vorzeitig. Die russischen Teilnehmer verstanden das Problem nicht, weil dort beim Streiten „auch Mal Schläge ausgeteilt werden" und „weil es üblich

R. Gerzer, *Astronautische Raumfahrt*, https://doi.org/10.1007/978-3-662-64740-0_7

ist, dass an Neujahr Frauen eine Umarmung und einen Kuss bekommen". Das nicht zu tun wäre unhöflich. Dieser Vorfall war trotz jahrzehntelanger Erfahrung des IBMP passiert, das ja seit dem Flug Gagarins die gesamte medizinische und psychologische Betreuung im russischen astronautischen Raumfahrt-Programm leitet.

So etwas darf auf keinen Fall auf einer Raumstation oder unterwegs zum Mars passieren und unterstreicht die Bedeutung von Studien, in denen auf der Erde untersucht wird, worauf man achten muss, damit Menschen in interkulturellen und gemischtgeschlechtlichen Teams über Monate oder Jahre auf engem Raum produktiv zusammenleben und arbeiten können. Frühere Entdecker hatten diese Möglichkeiten nicht und mussten solche Situationen teils unter Anwendung von Gewalt zu beherrschen versuchen.

Bevor man versucht, kleine Crews über lange Zeit auf dem Flug zum Mars oder in einer Mond- oder Marsstation gesund und leistungsfähig zu erhalten, sind also gezielte Studien unter ähnlichen Bedingungen nötig, wie sie dort herrschen. Dabei kann man aber die fehlende oder verminderte Schwerkraft nicht gleichzeitig simulieren, die Teilnehmer*innen sind der Weltraumstrahlung nicht ausgesetzt und sie wissen immer, dass sie im Notfall das Experiment beenden können. Sie haben also nicht den psychischen Druck, den echte Astronaut*innen unterwegs haben. Trotzdem lassen sich in solchen Studien viele für den Erfolg solcher Missionen essenzielle Parameter wie interkulturelle Zusammenarbeit, Zusammenarbeit von gleich- oder gemischtgeschlechtlichen Gruppen oder generelle Gruppendynamik erforschen.

Das IBMP besitzt seit Jahrzehnten eine Isolationsanlage zur Simulation von Raumflügen (Abb. 7.1). Dort werden regelmäßig längere Isolationsstudien von Teams durchgeführt. Als bisher größte solche Studie wurde vom Juni 2010 bis November 2011 eine komplette 520 Tage dauernde Marsmission („MARS 500"), einschließlich zu- und wieder abnehmender Zeitverzögerung in der Kommunikation oder eines Ausstiegs auf die Marsoberfläche, mit sechs männlichen Teilnehmern aus verschiedenen Kulturkreisen simuliert. Diese Studie konnte ohne größere Zwischenfälle sehr erfolgreich durchgeführt werden.

Auch die NASA betreibt eine Isolationsanlage (HERA; Abb. 7.2) im Johnson Space Center in Houston. In dieser dreistöckigen Anlage werden regelmäßig Studienkampagnen bis zu 45 Tagen durchgeführt.

Eine große, schon in den 1990er Jahren fertiggestellte Anlage der JAXA in Tsukuba wurde nie in Betrieb genommen, während die chinesische Anlage „Lunar Palace" der Beihang Universität in Peking seit einigen

Abb. 7.1 *Oben: Studienanlage für Isolationsstudien des IBMP in Moskau. (Foto: IBMP). Unten: Der Autor mit einer Student*innengruppe zu Besuch auf der „Mars-oberfläche" der Anlage. (Foto: R. Gerzer)*

Jahren intensiv genutzt wird. Sie dient der Vorbereitung auf eine künftige chinesische Mondstation. Inzwischen haben dort mehrere gleich- und gemischtgeschlechtliche Gruppen über insgesamt mehrere Jahre gelebt. Ein Hauptziel dieser Arbeiten ist neben Fragen der Gruppendynamik auch, herauszufinden, ob das dort installierte bioregenerative System in der Lage ist, genügend Essen und Trinken für lange Aufenthalte zu liefern, effektiv Kohlendioxid aus der Luft zu entfernen sowie genügend Sauerstoff zu regenerieren, damit eine künftige Mondstation möglichst autark betrieben werden kann.

Abb. 7.2 *Anlage HERA der NASA in Houston.* (Foto: NASA)

Da Stationen in der Antarktis ebenfalls Anlagen sind, in denen kleine Gruppen von Wissenschaftler*innen über lange Zeit leben und im antarktischen Winter bei Notfällen nicht evakuiert werden können, werden auch dort Studien zu interkultureller Gruppendynamik und zu physiologischen Themenstellungen durchgeführt.

Die ESA nutzt für ihre Weltraum-Studien deshalb die in 3233 m Höhe gelegene französisch-italienische Concordia-Station in der Antarktis (Abb. 7.3). In dieser kommt zur Isolation noch der Aufenthalt in großer Höhe, was zusätzlich zu einer notwendigen Höhenanpassung der Besatzungen führt.

Die nicht-staatliche Mars Society, der jede*r Mars-Begeisterte beitreten kann, betreibt in Utah die Mars Desert Research Station „MDRS" (Abb 7.4), in der regelmäßig Isolationsstudien durchgeführt werden. Bei diesen werden vor allem operationelle Aspekte des Lebens und Arbeitens auf dem Mars untersucht.

Als Analoganlagen für operationelle Tätigkeiten auf Mond oder Mars werden von den Raumfahrtnationen für Studienkampagnen auch verschiedene Regionen mit Ähnlichkeiten zu Mond oder Mars gewählt. Dazu zählen z. B. der Haughton Impact Krater auf der Insel Devon in der kanadischen Arktis, die arktische zu Norwegen gehörende Insel Svalbard,

Abb. 7.3 *Concordia Station in der Antarktis.* *(Foto: ESA)*

Abb. 7.4 *Mars Desert Research Station der Mars-Society in Utah.* *(Foto: MARS Society)*

Abb. 7.5 NASA- und ESA-Astronaut*innen während einer Trainingskampagne des NEEMO Projekts 2016. *(Foto: NASA)*

die Wüstengegend um den Rio Tinto in Spanien, die schneefreien trockenen McMurdo-Täler in der Antarktis oder die Atacama-Wüste in Chile.

Eine spezielle Anlage, Aquarius (Abb. 7.5), ist das einzige Unterwasserlabor der Welt, das etwa 5 km vor Key Largo in Florida in etwa 19 m Tiefe liegt und von der NASA regelmäßig angemietet wird (NEEMO). Astronaut*innen-Teams sind dort jeweils für einige Wochen kaserniert und trainieren bei langen Tauchgängen das Leben und Arbeiten in Schwerelosigkeit.

Weltweit gibt es verschiedene weitere Regionen und Institute, in denen Analogstudien durchgeführt werden. Dazu gehören auch ausgedehnte Höhlensysteme, in denen man völlig von der Umwelt abgeschirmt ist.

Anlagen für die Weltraumphysiologie

Um physiologische Änderungen zu simulieren, gibt es weltweit an verschiedenen Instituten Simulationseinrichtungen, in denen nicht operationelle Aufgaben trainiert werden, sondern physiologische Änderungen, die in Schwerelosigkeit stattfinden, untersucht und möglichst korrigiert werden.

:envihab

Die weltweit dafür am besten ausgestattete Station ist das :envihab im Deutschen Zentrum für Luft- und Raumfahrt (DLR) in Köln (Abb. 7.6). Köln ist mit dem Europäischen Astronautenzentrum EAC der ESA und dem direkt daneben gelegenen Institut für Luft- und Raumfahrtmedizin des DLR mit der Anlage :envihab die Europäische Zentrale der astronautischen Raumfahrt und Heimatbasis der Europäischen Astronaut*innen.

:envihab besitzt eine Bettruheanlage mit 12 Betten. In dieser Anlage kann – weltweit einzigartig – der CO_2-Gehalt soweit angehoben werden, wie er auf der ISS herrscht oder bei künftigen Mond- oder Marsstationen sein wird.

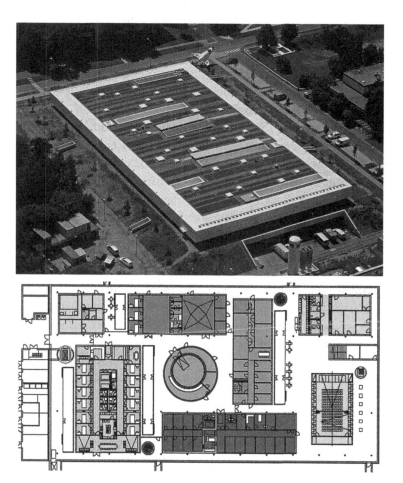

Abb. 7.6 *:envihab-Anlage des DLR in Köln.* *Oben: Außenansicht (Foto: DLR) Unten: Innenanlagen (Illustration: DLR)*

Erhöhtes CO_2 kann z. B. langfristig zu Veränderungen des Kalzium-Haushalts und indirekt zu veränderter Hirndurchblutung und damit auch des Hirndrucks führen. Deshalb ist es wichtig, in Referenzstudien zu messen, wie sich unter solchen Bedingungen die Physiologie ändert – in Schwerelosigkeit will man Effekte der Schwerelosigkeit und nicht geänderter Atmosphärenzusammensetzung messen.

In dieser Anlage kann auch das Tageslicht sowohl bezüglich Lichtspektrum als der Lichtintensität über einen großen Bereich simuliert werden, da ja vom Licht und seinem Spektrum der Tagesrhythmus und viele Körperfunktionen stark beeinflusst werden. In den Untersuchungsräumen kann über Verbindungsschläuche auch nachts den Proband*innen im Schlaf Blut entnommen werden, sodass dabei deren Schlafqualität nicht beeinträchtigt wird. Direkt neben dieser Station ist eine 3 T PET-MRT-Anlage installiert, sodass dort die Proband*innen, ohne über weite Wege transportiert werden zu müssen, mittels Ganzkörpermagnetresonanz (MRT-Funktion) und Positronenemissionstomographie (PET-Funktion) untersucht werden können. Dabei können auch molekulare Funktionsänderungen innerhalb des Körpers zeitaufgelöst dargestellt werden. Ebenfalls in ein paar Metern Entfernung von dieser Station befindet sich eine sogenannte Kurzarmzentrifuge. Mit einer solchen Zentrifuge wird getestet, ob auf einer Raumstation auf dem Weg zum Mars oder auf einer Mond- oder Marsstation, das Training der Astronaut*innen wesentlich verbessert und intensiviert werden kann. Neben diesen Anlagen befindet sich eine große Druckkammer, in der ebenfalls bis zu 12 Personen mehrere Wochen verbringen können. In dieser Kammer ist es auch möglich, den Umgebungsdruck zu reduzieren und man kann gleichzeitig auch die Sauerstoffkonzentration variieren. Da in künftigen Mond- oder Marsstationen voraussichtlich der Druck gesenkt und gleichzeitig der Sauerstoffanteil erhöht ist, um schneller aus- und einsteigen zu können, muss zunächst untersucht werden, ob von der Drucksenkung und gleichzeitigen Änderung der Atmosphärenzusammensetzung irgendwelche Langzeit-Gefahren drohen. Man wird auf Mond oder Mars Wochen oder Monate in dieser Atmosphäre leben und es muss sichergestellt sein, dass das nicht zu gesundheitlichen Problemen führt.

Neben diesen Anlagen existiert im :envihab eine große Physiologie-Anlage zur Untersuchung verschiedenster Körperfunktionen. Außerdem gehört eine Anlage dazu, in der psychologische Verhaltenstests gemacht werden können. Schließlich ist noch ein Zell- und Molekularbiologielabor integriert, um auch molekulare Arbeiten durchführen zu können. Insgesamt ist :envihab eine weltweit einzigartige Forschungsanlage, die sowohl für die Raumfahrt als auch generell für die Physiologie des Menschen genutzt werden kann.

Da in den USA und auch anderswo auf der Erde keine vergleichbare Anlage existiert, wird diese Anlage auch von der NASA mit genutzt, obwohl es der NASA eigentlich verboten ist, Studienaufträge ins Ausland zu vergeben. Die Einzigartigkeit von :envihab ermöglichte die entsprechende Ausnahmegenehmigung. Deshalb werden seit inzwischen über fünf Jahren in dieser Anlage große, durch NASA, ESA und DLR gemeinsam finanzierte Langzeitstudien durchgeführt, bei denen die Proband*innen für Wochen oder Monate, oft in Kopftieflage, im Bett verbringen (Abb. 7.7). Kopftieflage simuliert bei diesen Studien die Flüssigkeitsumverteilung von Astronaut*innen in Schwerelosigkeit.

Da ich selbst das Konzept von :envihab entwickelt und die entsprechenden Mittel zum Bau eingeworben hatte, wurde ich anschließend mehrmals mit verlockenden Angeboten umworben, um nach meiner Pensionierung in China weiter zu arbeiten. Diese Angebote nahm ich aber nicht an. Ich entschied mich für ein Angebot aus dem M.I.T. in den USA, dabei mitzuhelfen, eine neue Spitzenuniversität (Skoltech) nach westlichem Muster in Moskau aufzubauen. Dabei ging es dann aber um den Aufbau einer neuen Universität und nicht um Raumfahrtmedizin.

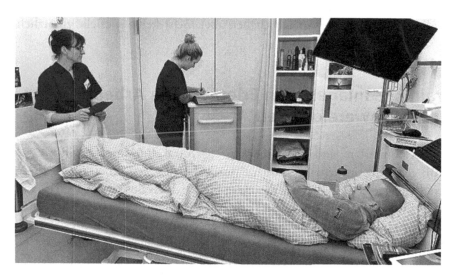

Abb. 7.7 *Kopftieflagestudie im :envihab des DLR.* (Foto: DLR)

MEDES

Frankreich betreibt innerhalb der Uniklinik von Toulouse eine Bettruhe-anlage des Instituts MEDES, die zur Diagnostik in der Universitätsklinik die klinikeigene Infrastruktur nutzt und die auch für Arzneimittelstudien verwendet wird.

IBMP

Neben der großen Isolationsanlage zur Simulation von Marsflügen betreibt das russische IBMP auch Physiologieanlagen, wie eine Kurzarmzentrifuge oder eine Anlage zur Durchführung von Bettruhestudien.

Dort gibt es auch eine spezielle Anlage für zwei Probanden, die in „Trockenimmersion" Effekte der Schwerelosigkeit empfinden können. Dort „schweben" die Proband*innen jeweils in einer großen Wanne auf dem Wasser und sind davon nur durch eine dicke Plastikfolie abgetrennt. Wenn sie dort liegen, sinken sie ein wenig ein (ohne nass zu werden), fühlen sich aber, als ob sie schweben würden. Eine solche Anlage scheint besonders für Studien über die Änderungen der Sensorik während Schwerelosigkeit geeignet zu sein. Inzwischen hat auch das MEDES in Toulouse eine solche Anlage etabliert (Abb. 7.8).

An verschiedenen Instituten weltweit, wie an der Universität von Nagoya in Japan, werden ebenfalls Klinikeinrichtungen für Bettruhe- und Isolations-studien genutzt. Diese Anlagen haben aber meist keine spezielle zusätzliche Infrastruktur.

Trainingsanlagen zum Erlernen von Arbeiten unter Schwerelosigkeit

Am bekanntesten sind Wasserbecken („Neutral Buoyancy Facility" oder NBF genannt), in denen Astronaut*innen das Arbeiten unter Schwerelosig-keit lernen. Dort ist der Körper zwar nicht schwerelos, weil ja im Wasser die Schwerkraft weiterhin wirkt. Aber durch ein Austarieren schweben die Astronaut*innen im Wasser und bleiben, wenn sie sich nicht bewegen, in derselben Position. Nun können sie beispielsweise erfahren, dass ein Schraubenschlüssel beim Versuch, eine Schraube zu befestigen, den/die Astronauten*in und nicht die Schraube dreht, falls er/sie sich nicht gleich-zeitig festhält. Das Unterwassertraining ermöglicht den Astronaut*innen,

Abb. 7.8 *Trockenimmersionsanlage von MEDES in Toulouse. (Foto: MEDES)*

Arbeiten an der Raumstation in einem Bruchteil der Zeit zu erledigen, die sie ohne solches Training benötigen würden. Solche großen Wasserbecken, NBF genannt (Neutral Buoyancy Facility) sind beispielsweise im Europäischen Astronautenzentrum EAC in Köln, im Johnson Space Center in Houston (Abb. 7.9), im Gagarin Kosmonautenzentrum bei Moskau, im Taikonautenzentrum in Peking und im Trainingszentrum der JAXA in Tsukuba mit den speziellen Trainingseinrichtungen ausgestattet und werden intensiv zur Vorbereitung auf Raumflüge genutzt.

Anlagen und Spezialgeräte für Arbeiten an Zellen und kleinen Organismen

Um kurzzeitige Effekte der Schwerelosigkeit zu erforschen ist es nicht unbedingt erforderlich, einen Raumflug zu absolvieren.

Kleinraketen

Kurze Phasen bis zu einigen Minuten Schwerelosigkeit kann man mit Flügen in Kleinraketen generieren. So werden regelmäßig von der ESRANGE-Anlage beim schwedischen Kiruna aus (Abb. 7.10) Kampagnen

Abb. 7.9 *Tauchtraining des ESA-Astronauten Pedro Duque in der NBF-Anlage der NASA in Houston. (Foto: NASA)*

Abb. 7.10 *Start einer MAXUS-Rakete von der schwedischen ESRANGE in Kiruna zur kurzfristigen (etwa 12,5 min) Erzeugung von Schwerelosigkeit. (Foto: ESA/ESRANGE)*

mit Forschungsraketen durchgeführt, bei denen material- oder lebenswissenschaftliche Experimente geflogen werden. Diese Raketenstarts werden meist im Winter durchgeführt, wenn die umliegenden Seen gefroren sind, sodass nach der mehrminütigen Schwerelosigkeit und anschließenden weichen Fallschirm-Landung in der seenreichen schwedischen Tundra die Proben nicht verloren gehen.

Falltürme und Fallschächte

Auch in Falltürmen kann man Experimente in Schwerelosigkeit durchführen. Weltweit gibt es zwei solche Falltürme, einer davon steht in Bremen, den anderen betreibt die Akademie der Wissenschaften in Peking. Der weltweit einzige Fallschacht ist der Schacht eines aufgelassenen Kohlebergwerks in Japan mit einer Tiefe von 700 m.

Im Bremer Fallturm (Abb. 7.11) befindet sich eine evakuierbare 110 m hohe Fallröhre, in der eine Probe 4,7 s lang ohne Luftwiderstand herunterfallen kann, somit in dieser Zeit schwerelos ist, und dann einigermaßen weich in einer mehrere Meter dicken Schicht von Styroporkügelchen landet. Während des Flugs können in Schwerelosigkeit auftretende Vorgänge mit einer hochauflösenden Kamera aufgezeichnet werden. Proben, die höhere Beschleunigung ertragen, können auch mittels eines Katapults zunächst hochgeschossen werden, sodass sich dann die Zeit in Schwerelosigkeit etwa verdoppelt.

Insgesamt eignen sich Fallturmexperimente sehr gut für Experimente in kurzzeitiger Schwerelosigkeit, da dafür zumindest in Deutschland keine aufwendige Forschungsreise nötig ist, unmittelbarer Laborzugang vorhanden ist und die Experimentbedingungen sehr gut standardisierbar sind.

Klinostaten und Random Positioning Machines

Auch im Labor kann man Schwerelosigkeit simulieren. Hierzu wurden sogenannte Klinostaten entwickelt. Ein Klinostat beinhaltet eine oder mehrere Inkubationskammer(n), die mit den Proben so schnell gedreht werden, dass die Proben nicht auf den Boden sinken und während der Drehung „schweben". Vergleichsuntersuchungen mit echter Schwerelosigkeit ergeben, dass in Klinostaten und in echter Schwerelosigkeit erhaltene Ergebnisse sehr ähnlich sind. Da Versuche auf der ISS sehr teuer, in der Vorbereitung und Durchführung sehr kompliziert sind, werden inzwischen Versuche in Schwerelosigkeit hauptsächlich zur Bestätigung von bereits im

Abb. 7.11 *Fallturm des Instituts ZARM in Bremen. (Foto: ZARM)*

Klinostaten gemachten Untersuchungen durchgeführt. Ich schätze, dass über 99 % der zellulären und molekularen Forschung „unter Schwerelosigkeit" mittels Klinostaten im Labor auf der Erde ausgeführt wird.

Es gibt je nach Fragestellung verschiedene Arten von Klinostaten, auch große Klinostatenmikroskope (Abb. 7.12), in denen sowohl die Probe als auch ein ganzes Mikroskop rotiert. Man kann in großen Klinostaten auch kleine Fische, Frösche oder andere Kleintiere untersuchen. Die weltweit größte Erfahrung mit Klinostaten besitzt das DLR-Institut für Luft- und Raumfahrtmedizin in Köln, in dem das Prinzip sogenannter schnelldrehender Klinostaten zuerst beschrieben wurde.

In den letzten Jahren wurden auch „Random Positioning Machines" (RPM) entwickelt. In diesen Geräten wird der Probenraum nach dem Zufallsprinzip in drei Dimensionen gedreht, sodass die Probe keine Möglichkeit zur räumlichen Orientierung hat. Da dabei oft

Abb. 7.12 *Klinostat mit eingebautem Mikroskop des DLR-Instituts für Luft- und Raumfahrtmedizin in Köln. (Foto: DLR)*

Drehbewegungen abrupt geändert werden, gibt es immer wieder stärkere Beschleunigungsschwankungen, sodass die Ergebnisse oft nicht ganz eindeutig sind und den Ergebnissen in Schwerelosigkeit meist nicht so nahekommen wie mit Klinostaten erhaltene Ergebnisse.

Zentrifugen

Wird eine Probe stärker als mit 1 g beschleunigt, dann tritt auch das Gegenteil von dem ein, was in reduzierter Schwerkraft und Schwerelosigkeit erfolgt. Da in Schwerelosigkeit viele Reaktionen schwächer ausfallen, unter erhöhter Beschleunigung aber stärker, ist es oft sogar einfacher, beschleunigungsabhängige Änderungen zunächst unter erhöhter Beschleunigung als in Schwerelosigkeit zu untersuchen. Um solche Untersuchungen durchzuführen, benötigt man langsam drehende Zentrifugen, deren Beschleunigungen genau einstellbar sind. Meist werden Beschleunigungen bis etwa 10 g gewählt – bei höheren Beschleunigungen würden viele Zellen geschädigt, die Effekte wären dann nicht mehr rein beschleunigungsbedingt. Obwohl also Zentrifugen erhöhte Beschleunigung produzieren, werden sie gerne in der Schwerelosigkeitsforschung eingesetzt.

Magnetische Levitation

Jede Zelle und jeder Organismus enthält magnetisierbare Strukturen, z. B. ionisiertes Eisen. Deshalb kann man mit einem genügend starken Magnetfeld (z. B. über 15 T) nicht nur Zellen, sondern sogar kleine Tiere schweben lassen. Da dies aber nichts mit Schwerelosigkeit zu tun hat, obwohl es optisch so aussieht, wird elektromagnetische Levitation in den Lebenswissenschaften nicht als Analogmethode verwandt.

Allerdings verwenden die Materialwissenschaftler das Prinzip elektromagnetischer Levitation in der Plasmaphysik als vergleichende Methode (Abb. 7.13).

Auch die Astrobiologie und Strahlenbiologie benötigen spezielle großforschungstypische Anlagen, um die Verhältnisse im All auch im Labor möglichst gut simulieren zu können (Abb. 7.14). In solchen Anlagen können das Vakuum, Gaszusammensetzungen, extrem niedrige bis hohe Temperaturen, UV-Strahlen im Weltraum und Röntgenstrahlen simuliert werden. Um die Effekte hochenergetischer Strahlung auf lebende Systeme bestimmen zu können, reservieren Strahlen- und Exobiolog*innen weltweit in spezialisierten Beschleunigern Strahlzeit und sind für entsprechende Untersuchungen oft wochenlang z. B. in Frankreich, den USA, Russland oder Japan tätig. Auch auf diesem Gebiet werden also die Mehrzahl

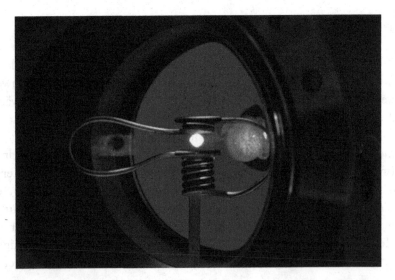

Abb. 7.13 *Elektromagnetische Levitation einer Materialprobe* (Foto: DLR)
Die Probe im Zentrum schwebt zwischen zwei Magnetpolen

Abb. 7.14 *Weltraumsimulationsanlage für astro- und strahlenbiologische Forschung im Institut für Luft- und Raumfahrtmedizin des DLR in Köln. (Foto:DLR)*

von Untersuchungen im Labor durchgeführt, die echten Weltraumuntersuchungen dienen zur Verifikation oder Entdeckung neuer Details.

Forschungsthemen

Medizinische Fragestellungen

Bei der Untersuchung des Flüssigkeitshaushalts von Astronaut*innen erhob mein Institut vor Jahren einen überraschenden Befund. Bei einem Astronauten in Schwerelosigkeit (s. Geleitwort R. Ewald) und später auch in Langzeitstudien bei Probanden – wir glaubten die an einem einzigen Astronauten erhaltenen überraschenden Ergebnisse zunächst selbst nicht und führten deshalb dann zunächst eine aufwändige Laborstudie bei sechs Probanden und später weitere solche Studien durch – stellten wir fest, dass eine erhöhte Salzzufuhr bei den meisten Menschen über die Zeit zwar zu einer deutlichen Salzeinlagerung, nicht aber zu einer gleichzeitigen Einlagerung von Flüssigkeit führt [Heer et al.]. Dies stand in völligem Gegensatz zu bisherigem Lehrbuchwissen, das besagte, mit Salzeinlagerung sei auch immer eine Flüssigkeitseinlagerung verbunden.

Wissenschaftler der Universität Erlangen erhoben später in der raumfahrtmedizinischen Referenzstudie MARS 500 des IBMP in Moskau dies bestätigende Befunde und konnten anschließend den Mechanismus klären, über den eine solche Salz- ohne gleichzeitige Wassereinlagerung verläuft [Machnik et al.]. Dieser Mechanismus erlaubt es, so hohe Salzmengen einzulagern, dass eigentlich – nach bisherigem Lehrbuchwissen – gleichzeitig mehr als 30 L Wasser eingelagert werden müssten.

Dann stellte sich heraus, dass dieser Mechanismus beim Alterungsprozess (Abb. 7.15) und bei verschiedenen Krankheiten (z. B. einigen Autoimmunerkrankungen, einigen Nierenkrankheiten, Diabetes, Formen erhöhten Blutdrucks) eine wichtige Rolle spielt [Kleinewietfeld et al.]. Die Forschung in dieser Richtung ist inzwischen zu einem wichtigen Thema bei der Aufklärung des Alterungsprozesses und der jeweiligen Krankheitsprozesse geworden und hat das Potenzial, diese Zustände besser verstehen und behandeln zu können. Dass diese wichtige Forschungsrichtung aus der Raumfahrtmedizin kommt, ist sogar vielen der heute daran forschenden Wissenschaftler*innen nicht bekannt. Ohne die aufwändigen Begleitstudien in der Raumfahrtmedizin wäre dieser Mechanismus mit hoher Wahrscheinlichkeit noch heute unerkannt.

Jede Zelle, jedes Organ, jedes Organsystem passt seine Funktionen an Beschleunigung und an die Häufigkeit und Intensität seiner Nutzung an. Obwohl unser gesamtes Leben unter 1 g entstanden ist und sich seit Jahrmillionen an 1 g-Bedingungen angepasst hat, wissen wir noch immer nicht genau, wie sich Moleküle, Organe, Organsysteme, der ganze Mensch bei geänderter Schwerkraft (bzw. Beschleunigung) verhalten. Deshalb

23Na MRI of tissue Na⁺ content   **1H MRI of tissue water content**

Man, 24 y, healthy   Man, 90 y, hypertension   Man, 24 y, healthy   Man, 90 y, hypertension

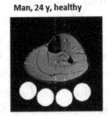
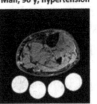

Abb. 7.15 *Salzeinlagerung bei einem jungen Gesunden und einem 90-jährigen Patienten mit hohem Blutdruck [Kopp et al.]*
Linke Bilder: Mittels Magnetresonanztomographie *gemessener Salzgehalt im Unterschenkel eines jungen Gesunden (ganz links; dunkel=wenig Salz) und eines 90-jährigen Patienten mit hohem Blutdruck (zweites Bild von links; hell=viel Salz). Rechte Bilder: Wassergehalt im Unterschenkel beider Personen. Man sieht deutlich den großen Unterschied zwischen der Salzeinlagerung, während sich die Wassereinlagerung praktisch nicht unterscheidet*

ist Schwerelosigkeitsforschung noch immer Neuland und Grundlagenforschung. Obwohl astronautische Raumfahrt seit über 60 Jahren betrieben wird, werden immer noch neue, aufgrund bisherigen Wissens unerwartete Regelmechanismen und -zusammenhänge entdeckt, wie im vorigen Absatz kurz geschildert.

Ein weiteres Beispiel sind die Hirndruck-Probleme von Astronaut*innen, deren Aufklärung für die Intensivmedizin auf der Erde mindestens so wichtig ist, wie für die Betreuung von Astronaut*innen. Immer, wenn Astronaut*innen ein unerwartetes medizinisches Problem haben, zeigt sich ja, dass wir auf diesem Gebiet auch auf der Erde ein Wissensproblem haben. Ansonsten müssten wir das jeweilige Problem und die Lösung vorhersagen können.

Man kann auftretende Gesundheitsprobleme phänomenologisch und grundsätzlich bearbeiten. In der phänomenologischen Forschung wird beispielsweise erforscht, wie man ein gutes Trainingsprogramm in Schwerelosigkeit erarbeitet, das den Astronaut*innen Spaß macht, nicht viel Zeit benötigt und für das man keine komplexen Trainingsgeräte braucht. Ist diese Forschung erfolgreich, dann hat man den Astronaut*innen sehr geholfen und man kann im Sinne eines Spin Off vielleicht auch effiziente Geräte auf der Erde entwickeln. Warum das nun funktioniert, muss man dann nicht unbedingt wissen. Ein Beispiel dafür sind aktuelle Untersuchungen, bei denen versucht wird zu klären, ob elektromagnetische Stimulation die Wirksamkeit des Fitnesstrainings auf der ISS verbessert und es ermöglicht, den dafür nötigen Zeitaufwand zu reduzieren.

In der Grundlagenforschung will man hingegen zunächst wissen, was man nicht verstanden hat, weil ja sonst das spezifische Problem nicht auftreten würde. Man sucht also nach einem grundsätzlichen Mechanismus. Erst, wenn dieser gefunden ist, versucht man als Konsequenz eine Lösung zu finden, die auf dem gefundenen Mechanismus beruht. Wenn die Lösung erfolgreich ist, dann ist das eine Bestätigung für diesen Mechanismus und man kann dann diese Lösung auch für verschiedenste weitere Anwendungen einsetzen. Die zweite Vorgehensweise geht also viel mehr in die Tiefe. Welche praktischen Anwendungen und vielleicht auch Spin Offs sich dann aus der Antwort ergeben, ist für den Grundlagenforscher eher nebensächlich, weil sie ja nur Konsequenzen des Regelmechanismus sind, den man identifiziert hat. Der oben erwähnte zufällig entdeckte neue Mechanismus der Salzeinlagerung in den Körper ist also ein typisches Beispiel aus der Grundlagenforschung in Schwerelosigkeit.

Die NASA hat vor einigen Jahren eine „Hitliste" von Forschungsthemen aufgestellt, die für die Gesundheit von Astronaut*innen bei Langzeitaufenthalten im All und Flügen bis zum Mars gelöst sein sollten. In dieser Priorisierung wurden folgende Themen aufgegriffen (Tab. 7.1).

Tab. 7.1 Die wichtigsten bisher nicht vollständig geklärten Gesundheitsprobleme bei Langzeitaufenthalten im Weltraum (modifiziert nach [NASA])

Gefahr	
Risiko	Mögliche Konsequenz
Geänderte Schwerkraft	
Anstieg des Hirndrucks	**Wichtigstes ungelöstes Gesundheitsproblem:** kann bei Langzeitaufenthalten zur Erblindung und zu dauernden Hirnschäden führen
Knochenabbau	Kann zu Nierensteinen und extrem schmerzhaften missionsgefährdenden Koliken führen Begünstigt Knochenbrüche
Sensomotorische Störungen	Können Leistungsfähigkeit stark beeinträchtigen
Muskelabbau	Kann motorische Leistungsfähigkeit stark beeinträchtigen
Reduzierte aerobe Leistungsfähigkeit	Kann schwere Arbeiten stark erschweren
Leistungsschwaches Immunsystem	Kann zu schweren entzündlichen Erkrankungen führen
Herzrhythmusprobleme	Können zu plötzlichem Herzstillstand führen
Orthostatische Intoleranz	Kann zu Kollaps bei erhöhter Schwerkraft führen
Rückenschmerzen	Können Leistungsfähigkeit stark beeinträchtigen
Harnverhalt	Kann Katheterisierung erforderlich machen
Geänderte Kinetik von Arzneimitteln	Kann Dosisanpassungen erforderlich machen
Strahlung	
Dauerexposition	Erhöht Krebsgefahr
Massive Sonneneruption	Kann akute Strahlenkrankheit hervorrufen
Entfernung von der Erde	
Todesfall bei großer Entfernung	Psychologische und logistische Herausforderung
Wirksamkeit von Medikamenten	Kann bei langem Aufenthalt wegen der Strahlung vorzeitig abnehmen
Geschlossenes technisches Lebenserhaltungssystem	
Gesunde Ernährung	Mitgebrachte Lebensmittel können wegen Strahlung verminderte Haltbarkeit haben Bioregenerative Nahrungserzeugung könnte versagen
Inadäquate Mensch-Maschinen-Schnittstellen	Könnten Missionserfolg stark erschweren Könnten spezielle Muskeln oder Sehnen überbeanspruchen Könnten zu Überbeanspruchungen während EVAs führen
Exposition von extraterrestrischem Staub (z. B. Mond-Regolith)	Könnte zu Lungenproblemen, langfristigen Lungenschäden und Krebs führen

(Fortsetzung)

Tab. 7.1 (Fortsetzung)

Gefahr	
Risiko	Mögliche Konsequenz
Geänderte Immunantwort	Könnte zu verminderter Infektionsabwehr, vermehrten Hautproblemen, Reaktivierung von Viren (z. B. Herpes) und erhöhter Krebsgefahr führen
Geänderte Luftzusammensetzung (Druck, Sauerstoffkonzentration, CO_2-Konzentration	Könnte zu Änderungen von Hirndruck und -Durchblutung führen
Schlafmangel, Desynchronisation und Arbeitsüberlastung	Können Leistungsfähigkeit senken und Fehleranfälligkeit erniedrigen, zu Herz-Rhythmusstörungen und erhöhter Infarktanfälligkeit führen
Vergiftung	Kann schleichend auftreten, da Lebenserhaltungssystem dauernd rezirkuliert Gifte können aus Luft und Wasser schwer entfernt werden
Dekompressionskrankheit	Kann wegen häufiger Aus- und Einstiege und Notwendigkeit der Einhaltung von Dekompressionszeiten gehäuft auftreten, speziell bei notfallmäßigen Einsätzen
Gehörverlust	Kann in der lauten technischen Umgebung bei Nicht-Einhalten von Gehörschutzmaßnahmen auftreten
Akute und chronische CO_2-Vergiftung	Kann wegen häufig erhöhter CO_2-Konzentration in Raumschiffen, der Gefahr der Bildung von „CO_2-Glocken" auftreten und zu gestörter Leistungsfähigkeit und erhöhtem Gehirndruck führen
Verbrennungen bei direkter Exposition von Sonnenlicht	Einzelne Fenster der Raumstation sind UV-C-durchlässig und in der Regel nur bei speziellen Versuchen nicht verriegelt. Versehentliche Exposition führt aber schon nach Minuten zu starkem Sonnenbrand und Hautverätzungen
Elektroschock	In der hochtechnischen Umgebung kann es, insbesondere bei Reparaturarbeiten, auch zu tödlichen Elektroschocks kommen
Isolation	
Psychologische oder psychiatrische Probleme	Können missionsgefährdend werden
Inadäquate Team-Leistung	Kann missionsgefährdend werden

Zusätzlich zu diesen Themen gibt es viele weitere Fragestellungen und Herausforderungen für die Raumfahrtmedizin und -Psychologie. Die NASA geht diese Themen sehr strukturiert an und bildet jeweils interdisziplinäre Arbeitsgruppen, die die Aufgabe haben, Lösungen zu erarbeiten, die zwar vom Problem ausgehen, aber in der Regel auch grundsätzliche Aspekte beinhalten. Dagegen ist unsere Herangehensweise in Deutschland kaum strukturiert. Wenn wir etwas herausfinden, was Probleme lösen hilft, nimmt das die NASA natürlich gerne auf und integriert es in ihre Strategie.

Zelluläre und molekulare Forschung

Die zentrale Frage lebenswissenschaftlicher Forschung in Schwerelosigkeit ist: Wie bemerken Zellen eine Änderung der Beschleunigung und mit welchen Mechanismen reagieren sie darauf? Wenn wir Das klären, können wir auch kausal verstehen lernen, wie Leben auf Beschleunigung reagiert. Bisher gibt es zu diesem Thema zum einen viele Arbeiten bei Einzellern, Pilzen oder bei Pflanzen-Wurzeln (welche in Richtung Schwerkraft wachsen), in denen mechanische Kräfte identifiziert wurden. Auch zu molekularen Mechanismen der „Graviperzeption", also der Wahrnehmung von Schwerkraft, gibt es inzwischen sehr viele Befunde. Hier wird heute meist die Neuexpression von Proteinen untersucht. Ob diese aber ein ursächlicher Grund oder eine sekundäre Folge der Wahrnehmung und dann der Anpassung an Schwerkraft sind, ist dabei nicht geklärt. Da aber wichtige Funktionsänderungen in Schwerelosigkeit sofort eintreten, ist vor allem interessant, welche Signalübertragungsmechanismen als erste die geänderte Schwerkraft bzw. Beschleunigung erkennen und dann sofort Funktionsänderungen und Sekundärreaktionen einleiten. Die Frage klingt einfach, die Antwort gibt es aber bisher noch nicht.

Strahlenbiologie

Ein zentrales Forschungsgebiet in der astronautischen Raumfahrt ist die Strahlenbiologie. Außerhalb unserer schützenden Atmosphäre und schützenden Magnetschicht ist eine Überfülle unterschiedlichster Strahlenarten unterwegs. Deren Zusammensetzung und Intensität sind nicht konstant, sondern in permanentem Wechsel und können nicht genau vorausgesagt werden. Die Bestimmung und Vorhersage dieses „Weltraumwetters" ist ein eigenes großes Forschungsgebiet und nicht nur für Astronaut*innen wichtig, sondern auch für Satelliten und

Satellitenkommunikation, für Telekommunikation und in polnahen Regionen der Erde auch für Stromnetze und Kommunikation auf der Erde.

In der Strahlenbiologie geht es nicht primär um die Intensität der Strahlung, sondern um die Wirkung von Strahlung auf biologische Systeme, also die Gefährlichkeit der jeweiligen Strahlung. Die verschiedensten Arten von Strahlung dringen unterschiedlich tief in den menschlichen Körper ein. Manche niederenergetischen Teilchen werden schon in der Haut oder nach wenigen Zentimetern Tiefe absorbiert, andere Strahlenarten dringen tief in den Körper ein oder durchfliegen ihn. Verschiedene Organe, insbesondere solche, in denen sich die Zellen schnell teilen, sind auch unterschiedlich strahlensensibel.

Bei Durchtritt durch Abschirmmaterial wird ionisierte Strahlung nicht nur abgebremst, sondern kann auch Schauer von Sekundär- und Tertiärstrahlung abgeben, die dann stärkere Schäden hervorrufen können als die ursprüngliche Strahlung. Krebs entsteht ja, wenn die DNA verändert ist. Ist eine Zelle z. B. durch einen Primärstrahl abgetötet, dann wird sie entsorgt und ersetzt. Es entsteht also kein Krebs. Wird aber in der Nachbarschaft durch einen Sekundärstrahl, der entstanden ist, weil der Primärstrahl beim Durchtritt durch die Raumschiffwand etwas abgebremst wurde, eine kleine molekulare Änderung in einem DNA-Strang hervorgerufen, dann kann Krebs entstehen.

Strahlenbiologie ist also insgesamt ein sehr komplexes Gebiet, in dem Physiker, Ingenieure, Mathematiker, Biologen, Mediziner (incl. *innen) und weitere Disziplinen interdisziplinär zusammengehen, um Lösungen zu erarbeiten.

Exo- und Astrobiologie

Schließlich gibt es die Astro- und Exobiologie, die sich mit den Fragen befasst, ob es außerhalb der Erde Leben gibt. Dabei geht es neben der direkten Suche nach extraterrestrischem Leben um die Frage, wie es unter den extremen Bedingungen im Weltall möglich sein könnte, dass Leben existiert und wie die molekularen Mechanismen funktionieren, die Leben vor extremen Bedingungen schützen. Es geht dabei auch um die Frage, wie sich Mikroorganismen, die wir kennen, im All verhalten und ob und wie sie die extremen Bedingungen des Alls aushalten. Bekannt ist das Beispiel der bis zu einem Millimeter großen Bärtierchen, die mehrere Tage ungeschützt im Weltraum überleben können (Abb. 7.16) [Jönsson et al.]. Vor allem Kindern und Jugendlichen ist dieses Beispiel aus der „Sendung mit der

Abb. 7.16 *Bärtierchen (Foto: aquaportail.com): Sie überleben den Aufenthalt im All!*

Maus" bekannt. Der Überlebensmechanismus der Bärtierchen ist aber bisher noch nicht geklärt.

Astrobiolog*innen arbeiten oft eng mit Forschern zusammen, die auf der Erde „Extremophile" untersuchen, also Keime, die extreme Bedingungen (Strahlung, Hitze, Kälte, Säure, Basen, hohen Salzgehalt etc.) überleben, und die solche Keime während Expeditionen aus entlegensten Winkeln der Erde wie aus Black Smokers in der Tiefe der Ozeane oder aus Geysiren oder Salzseen isolieren.

Zur Astrobiologie gehört auch die Suche nach Spuren von Gas-Emissionen aus fernen Planeten oder Monden, die auf die Existenz von Leben hinweisen könnten. Bei dieser Suche sind die Emissionen von Methan und Formaldehyd besonders interessant, die auf der Erde überwiegend von Mikroorganismen produziert werden. Während die Halbwertszeit von Methan ein paar hundert Jahre beträgt (ein wichtiges Problem unseres menschgemachten Klimawandels), dauert die von Formaldehyd nur etliche Stunden. Formaldehyd muss also laufend nachproduziert werden, um von der Erde oder von Satelliten aus aufgrund seines spezifischen Spektrums entdeckt werden zu können. Auf dem Mars zum Beispiel legt die Methan/Formaldehyd-Relation nahe, dass es in wärmeren Regionen unter der Marsoberfläche Methan produzierende Mikroorganismen geben sollte.

Ein weiteres Betätigungsfeld dieser Forscher ist die sogenannte Planetary Protection. Mit dieser soll sichergestellt werden, dass wir mit unseren Raumschiffen, die wir auf andere Himmelskörper schicken, diese nicht mit

Mikroorganismen kontaminieren. Vor entsprechenden Raketenstarts wird deshalb mit hohem Aufwand in Reinräumen gearbeitet und vor dem Start dekontaminiert – damit man nicht später auf dem Mars Leben findet und sich wundert, dass sich das vom terrestrischen Leben nicht unterscheidet.

Weitere Themenbereiche

Lebenswissenschaftliche Forschung ist nur ein Ausschnitt aus den vielfältigen Forschungsthemen auf der ISS. Da ich selbst aus diesem Bereich komme, habe ich mich auf die Darstellung einiger Beispiele aus diesem Bereichs konzentriert und lasse andere Forschungsgebiete weitgehend unangetastet. Hier nur ein kurzes Antippen anderer Bereiche.

Die Materialforschung beispielsweise konzentriert sich auf Fragen der Kristallisation. Beim Gießen von Materialien wird auf der Erde der Kristallisationsprozess immer durch die Schwerkraft gestört. Es bildet sich bei der Erstarrung zunächst ein kleines Kristall. Das beginnt aber wegen der Schwerkraft zu sinken und verursacht dadurch in der umgebenden Flüssigkeit Turbulenzen. Der eigentliche Kristallisationsvorgang wird also gestört und die Kristallisation verläuft unsauber. In Schwerelosigkeit, bei der ein Kristallisationskeim nicht zu sinken beginnt und keine Turbulenzen erzeugt, können deshalb die zugrunde liegenden Gesetzmäßigkeiten unter Idealbedingungen untersucht werden, sodass dann auf der Erde die Kristallisation besser zu verstehen ist und bessere Produkte wie Flugzeug- oder Windkraft-Turbinen hergestellt werden können.

Die Kristallisationsforschung beinhaltet auch die Züchtung von Proteinkristallen. Man hofft, über größere und „saubere" Kristalle die dreidimensionale Proteinstruktur wichtiger Enzyme besser aufklären zu können, um dann zielgenaue Medikamente zu bauen, die in die Andockstellen körpereigener Signalstoffe passen und diese Andockstellen dadurch aktivieren oder hemmen, sodass entsprechende Krankheiten behandelt werden können. Bisher wurden in Schwerelosigkeit zwar einige größere Kristalle gezüchtet als auf der Erde, einen echten Durchbruch auf diesem Gebiet gab es bisher aber nicht. Inzwischen haben alternative Verfahren wie High Throughput Screening oder die Strukturberechnung bekannter Proteinsequenzen mittels künstlicher Intelligenz die Proteinkristallisation in Schwerelosigkeit weitgehend überflüssig gemacht.

Das größte und auch teuerste Experiment auf der ISS befasst sich mit dem besseren Verständnis dunkler Materie [Budrikis]. Dunkle Materie ist eine Form von Materie, die bisher nicht direkt erfasst werden kann, die aber postuliert wird, weil sich sonst nicht erklären ließe, wie Sterne in ihren Galaxien kreisen. Dunkle Energie wiederum wird postuliert, weil sich sonst die beschleunigte Expansion des Weltalls nicht erklären ließe. Im Weltall befinden sich nach heutigem Wissen 72 % dunkle Energie, 23 % dunkle Materie und nur etwa 4,6 % bekannte Materie. Der direkte Nachweis der Existenz dunkler Materie und auch dunkler Energie ist aber bisher nicht gelungen. Das seit 2010 auf der Raumstation messende Alpha-Magnet-Spektrometer (AMS) sucht insbesondere nach Antikohlenstoff – der Nachweis nur eines einzigen Kerns würde genügen, um die Existenz dunkler Materie zu beweisen – und vermisst die Energiespektren schwerer Kerne bis hin zu Eisen. Das AMS-Konsortium besteht aus etwa 500 Physikern aus 56 Forschungsinstitutionen aus 16 Ländern. Das AMS hat über 2 Mrd. Dollar gekostet. Bisher wurde noch kein Antikohlenstoffkern gefunden.

Außerirdisches Leben im Weltall

Alles Leben, wie wir es kennen, benötigt als Grundstoffe Kohlenstoff, Stickstoff, Sauerstoff, Schwefel, Sulfate und verschiedenste Spurenelemente. Die leichteren Elemente haben sich schon kurz nach dem Urknall gebildet. Schwere Elemente stammen aus Supernovaexplosionen, die in der zweiten Hälfte der ersten Milliarde Jahre nach dem Urknall sehr massiv waren, sich seither abschwächen, aber noch für weitere Milliarden von Jahren vorkommen werden. Gleichzeitig verteilen seither massive Schwarze Löcher mit ihren bis zu Tausenden von Lichtjahren ins Weltall reichenden Jets diese Atome und Ionen im gesamten Weltraum. Deshalb geht man heute davon aus, dass es die Bausteine des Lebens im gesamten Weltall in mehr oder weniger ähnlicher Verteilung gibt. Um daraus Leben entstehen zu lassen, wird flüssiges Wasser benötigt; Leben kann also in allen Regionen entstehen, in denen die Grundstoffe des Lebens vorhanden sind, in denen auch genug Energie vorhanden ist, dass flüssiges Wasser vorkommt und in denen die Umweltverhältnisse für lange Zeit relativ stabil sind. Das nennt man habitable Zone.

In unserem Sonnensystem liegt die Erde in dieser habitablen Zone; Mars und Venus sind jeweils am äußeren und am inneren Rand. Da es im Weltraum Milliarden von Milchstraßen gibt, in denen wiederum jeweils Milliarden von Sonnen vorkommen, ist der Weltraum auch voller habitabler Zonen, in denen sich theoretisch Leben entwickeln kann. Man kann deshalb aufgrund dieser unendlich großen Zahl habitabler Zonen davon ausgehen, dass sich Leben nicht nur auf der Erde entwickelt hat, sondern dass es

Milliarden von Regionen gibt, in denen Leben existieren kann. Religionen gehen zwar gerne davon aus, dass die Erde der einzige Platz im Universum ist, auf dem Leben existiert. Das mag zwar möglich sein, man sollte sich aber erinnern, dass nicht die Sonne um die Erde kreist, sondern dass es umgekehrt ist. Das herauszufinden hatte nichts mit Gottesbeweisen oder dem Gegenteil zu tun, sondern war der Beweis, dass ein mensch-gemachtes Dogma falsch war.

Für die Existenz extraterrestrischen Lebens wurde auch der Begriff der „Panspermie" definiert. Damit meint man, dass sich Leben irgendwo im All gebildet haben könnte und sich über die Zeit über Kometen und Meteoriten über das Weltall ausbreitete und so auch auf der Erde angekommen ist, dass also Leben nicht hier entstanden sei. Wenn endlich außerhalb der Erde Leben entdeckt wird, kann diese Frage voraussichtlich irgendwann geklärt werden. Ich selbst tendiere dazu anzunehmen, dass die Panspermie eine interessante Hypothese ist, dass sich aber Leben in verschiedenen habitablen Zonen unabhängig voneinander gebildet hat, sodass es in einer Vielzahl von Regionen im Weltall unabhängig voneinander entstandenes Leben gibt.

Mikroorganismen

Die niedrigsten und ältesten Formen bekannten Lebens sind Mikroorganismen, also Einzeller, Pilze, Protozoen, Bakterien. Viele Mikroorganismen haben langfristige Überlebensstrategien entwickelt, indem sie Sporen bilden können, die ohne Wasser theoretisch über Millionen von Jahren überleben können, um dann unter den richtigen Bedingungen wieder auszukeimen. Je höher entwickelt Lebensformen sind, desto weniger widerstandsfähig sind sie – siehe Dinosaurier, bei denen bereits ein Meteoriteneinschlag ausgereicht hat, alle Dinosaurier bis auf die Vorfahren unserer heutigen Vögel auszulöschen. Man sucht deshalb bei der Suche nach außerirdischem Leben nach Mikroorganismen und vor allem nach solchen, die extreme Umweltbedingungen tolerieren.

Der Mars als uns nächstliegender Planet ist das heute wichtigste Ziel in der Frage nach der Existenz außerirdischen Lebens. In seiner Frühzeit gab es wahrscheinlich über Jahrmillionen ähnliche Bedingungen, wie es sie auf der Erde gab, als sich hier Leben entwickelte. Deshalb könnte sich damals auch auf dem Mars parallel Leben entwickelt haben und noch heute, tief unter der Oberfläche, weiter existieren. Es gibt auf der Marsoberfläche gefrorenes Wasser. In der Tiefe muss Wasser aber wegen der zunehmenden Wärme in Richtung Mars-Inneres in flüssiger Form vorliegen. Der flüssige

Mars-Kern ist zwar nicht groß, hat aber eine Temperatur von ca. 5000 Grad Celsius und wärmt von innen heraus. Der Mars hat auch eine, wenn auch dünne, Atmosphäre. Diese hat eine ähnliche Zusammensetzung, wie sie in der Frühzeit der Erde geherrscht hat.

Leben, wie wir es kennen, produziert Methan und Formaldehyd. Beide Gase wurden auf dem Mars erstmals 2003 gemessen. Formaldehyd entsteht aus Methan und hat nur eine Halbwertszeit von 7,5 h. Methan wird zwar nicht nur von Lebewesen, sondern auch bei Vulkanausbrüchen, Meteoriteneinschlägen und anderen abiotischen Prozessen freigesetzt. Die von „Mars Express" gemessene Konzentration von Formaldehyd ist aber auf dem Mars so hoch, dass die Entstehung durch Mikroorganismen die plausibelste Erklärung ist. Diese Daten konnten allerdings von der ESA Mission Trace Gas Orbiter nicht eindeutig reproduziert werden.

Auch auf anderen Körpern unseres Sonnensystems, wie zum Beispiel der Venus, den Jupitermonden Europa, Ganymed und Kalysto oder auf den Saturnmonden Titan und Enceladus könnte Leben vorhanden sein.

Die Exo- und Astrobiologie beschäftigt sich mit der Frage, wie Leben im All beschaffen sein müsse. Deshalb wird in diesem Fach an den Mechanismen geforscht, mit denen Leben unter den rauen Bedingungen des Alls überleben kann. Dabei haben sogenannte Expositionsstudien gezeigt, dass viele sogenannte Extremophile diese Bedingungen sehr lange überstehen können, sodass es möglich ist, dass Sporen galaktischer Mikroorganismen über Jahrmillionen in einem Kometen überleben können, bevor sie dann später auf einem anderen Himmelskörper landen und dann auskeimen. Expositionsversuche werden regelmäßig mit Satelliten oder auf der Internationalen Raumstation durchgeführt, wo Astronaut*innen solche Expositionsplattformen außen anbringen und nach Monaten oder Jahren wieder zurückholen (Abb. 7.17). Es zeigte sich bei solchen Versuchen, dass für Extremophile nicht die zum Teil sehr hochenergetische Weltraumstrahlung, sondern vor allem das UV-C-Licht der Sonne sehr schädlich ist und alle oberflächlich liegenden Keime und Sporen nach einiger Zeit abtötet. Wird das UV-C aber abgefiltert, dann sterben zwar wegen der Weltraumstrahlung Keime und Sporen auch in tieferen Schichten eines Kometen; ist deren Menge innerhalb einer Probe aber sehr hoch, dann können – aus der Halbwertzeit hochgerechnet – wenige auch über Millionen von Jahren überleben.

Abb. 7.17 *Expose-R2 an der ISS* (*Foto: Roscosmos*)
46 Arten von Bakterien, Pilzen und Arthropoden wurden 2014–2015 18 Monate lang dem Weltraummilieu ausgesetzt. Auch die in den Medien häufig als weltraumresistent zitierten Bärtierchen wurden in solchen Expositionskammern untersucht

Intelligentes Leben

Alleine in unserer Milchstraße könnte es nach Berechnungen anerkannter Wissenschaftler zwischen 36 (Tom Westby, Christopher Conselice [Westby]) und 10.000 (Seth Shostak [Shostak]) Zivilisationen geben. Da im Universum Milliarden von Milchstraßen existieren, sollte es also insgesamt im All von intelligenten Zivilisationen wimmeln. Falls die Urknallhypothese stimmt, sind die Bedingungen für die Entstehung und Entwicklung intelligenten Lebens überall im Universum in einer ähnlichen Zeitspanne entstanden. Falls also unser intelligentes Leben auf der Erde, was wahrscheinlich ist, unter solchen „normalen" Bedingungen entstanden ist, sollten auch andere Zivilisationen in einer „ähnlichen" Zeit (innerhalb etlicher zig-Millionen Jahre) entstanden sein.

Aber wo sind sie denn? Sie sind zu weit weg. Selbst bei hoher Dichte intelligenter Zivilisationen würde der minimale Abstand zwischen 1000 und 2000 Lichtjahren betragen. Und das ist einfach zu weit. Schon eine Kontaktaufnahme wäre unmöglich: über 1000 Jahre, bis ein dann sehr schwaches Signal von dort zu uns kommt und nochmal über 1000 Jahre, bis unsere Antwort ankommt. Also zu weit für einen sinnvollen Austausch über Funk; direkte intergalaktische Reisen sind noch weniger denkbar.

Intelligente Zivilisationen könnten auch vor Jahrtausenden die Erde besucht und Spuren hinterlassen haben. Sie könnten uns auch jetzt besuchen. Dazu gibt es sehr viele Vermutungen und Verschwörungstheorien, die NASA wird mit Anfragen zu diesem Thema überhäuft. Auch ich selbst bekam immer wieder Briefe und Anfragen zu dieser Thematik. Ein zuständiger NASA-Kollege erklärte mir einmal, diese Thematik sei immer sehr heikel. Würde man Stellung nehmen, dann heißt es bei den Verschwörungstheoretikern: „Aha, sie nehmen Stellung, also muss etwas daran sein." Gibt man keine Stellungnahme ab, dann heißt es: „Aha: Da ist etwas ganz großes im Busch, denn die NASA hält alles geheim und gibt nicht einmal eine Stellungnahme ab."

Wie man es also macht, ist es verkehrt.

Bisher konnte bei keiner „Beobachtung" und bei keinem „Fund" von etwas „Außerirdischem" ein konkreter Hinweis darauf gefunden werden, dass es tatsächlich von Außerirdischen stamme. Die letzte große Aufregung gab es, nachdem 2003 in der Atacama-Wüste ein mumifiziertes 15 cm langes Skelett mit auffälligen Verformungen gefunden wurde. Das „Atacama"-Skelett stellte sich dann aber als mumifizierte Mädchenleiche mit Fehlbildungen heraus. Ich werde auch immer wieder gefragt, ob es UFOs gäbe. Natürlich gibt es UFOs, denn UFO heißt unbekanntes Flugobjekt. Wenn also im Nebel ein Heißluftballon fliegt und ich sehe nur einen hellen Schein am Himmel, dann sehe ich ein UFO, da ich ja nicht weiß, welches Flugobjekt das ist. Aber es ist doch nur ein Heißluftballon. Ich selbst kann mir nicht vorstellen, dass es auf der Erde Hinterlassenschaften oder Sichtungen echter Außerirdischer geben kann.

In der Vergangenheit wurden auch verschiedene Botschaften ins All ausgesandt mit der vagen Hoffnung, dass diese evtl. irgendwann von Außerirdischen empfangen und dann beantwortet würden. So wurden 1972 an den interstellaren Pioneer-Sonden 11 und 12 goldene Plaketten angebracht und 1977 an den Voyager-Sonden Plaketten mit Bild- und Audio-Informationen. 1974 wurde außerdem mit Radiowellen die sogenannte Arecibo-Botschaft ausgestrahlt. Falls Außerirdische Sensoren haben, um diese dann extrem schwachen Signale zu empfangen, könnte diese Botschaft in einigen Tausend oder Millionen Jahren ihre Adressaten erreichen.... Interessant, welche Antwort sie dann senden, die dann wieder Tausende oder Millionen von Jahren später bei uns ankäme.

Seit Jahrzehnten existiert das sogenannte SETI (Search for Extraterrestrial Intelligence) Programm. Dabei geht es darum, vielleicht doch Signale aufzufangen, die irgendwo im All (vor Tausenden von Jahren) losgeschickt wurden – mit geringen Erfolgsaussichten. Seit Jahren wird diese Suche vom im Wesentlichen aus Spenden finanzierten amerikanischen SETI-Institut koordiniert. Viele, auch ich, sind bezüglich Aussichten auf einen Erfolg sehr skeptisch.

Der Astrophysiker Stephen Hawking warnte eindringlich davor, den Kontakt mit Außerirdischen zu suchen. Wir sollten uns eher verstecken, statt Botschaften auszusenden. Da Außerirdische die riesigen Entfernungen in vertretbarer Zeit nur überwinden könnten, wenn sie uns in ihrer Entwicklung sehr weit voraus sind, hätten wir, gäbe es sie, keinerlei Chance, uns ihnen entgegenzustellen. Sie würden eher nicht an uns interessiert sein, sondern uns allenfalls ausbeuten oder auslöschen – uns stünde ein ähnliches Schicksal bevor wie Ureinwohnern in der Kolonialzeit.

Dass es intelligente Lebewesen außerhalb der Erde geben muss, ist inzwischen weitgehend unbestritten, dass wir aber jemals Kontakt mit ihnen aufnehmen können, gilt ebenfalls als weitgehend ausgeschlossen. Und das ist wohl gut so.

Zum Weiterlesen

https://de.wikipedia.org/wiki/Mars-500
https://www.nasa.gov/analogs/hera
http://www.concordiastation.aq/home-1/
https://www.marssociety.org/
https://de.wikipedia.org/wiki/NEEMO
https://www.dlr.de/envihab/
https://www.skoltech.ru
http://www.medes.fr/en/index.html
https://www.dlr.de/me/de/desktopdefault.aspx/tabid-10716
https://www.dlr.de/me/desktopdefault.aspx/tabid-7207/
https://de.wikipedia.org/wiki/Alpha-Magnet-Spektrometer
https://de.wikipedia.org/wiki/Außerirdisches_Leben
https://www.spiegel.de/wissenschaft/weltall/warnung-von-astrophysiker-hawking-
   sprecht-bloss-nicht-mit-den-aliens-a-691115.html

8

Spin Off und Öffentlichkeitsarbeit

Spin offs sind laut Wikipedia Technologien oder Innovationen in einem Bereich, für den sie ursprünglich nicht entwickelt worden sind, also zufällige Produkte. Aus der Raumfahrt gibt es so viele Spin offs, dass die NASA darüber regelmäßig Bücher publiziert. Spin offs haben aber nichts mit einer Begründung der Raumfahrt zu tun und werden deshalb im kommenden Kapitel nur kurz gestreift. Professionelle Öffentlichkeitsarbeit aber, die gerade Kinder und junge Menschen motivieren kann, sich in der späteren Berufswahl für ein MINT-Fach zu entscheiden, ist ein wichtiger Teil der astronautischen Raumfahrt und wird deshalb im Folgenden ausführlicher dargestellt.

Spin Off

Es gibt sehr viele Spin Offs aus Forschungen unter der Bedingung von Schwerelosigkeit. Die NASA publiziert regelmäßig ganze Bücher über die entsprechenden Produkte und deren Markterfolge und betreibt eine eigene Website. Die Spin Off-Erfolge der Vergangenheit sind so groß, dass viele Laien glauben, Spin Offs seien der Grund für die Forschung unter Schwerelosigkeit. Paradoxerweise wird dann oft wegen dieser Spin Offs die Forschung unter Schwerelosigkeit kritisiert und die Kosten der astronautischen Raumfahrt werden dann gegen die Spin off-Erfolge aufgerechnet. Diese Kritiker vergessen, dass die Begründung der astronautischen Raumfahrt überhaupt nichts mit Spin Off zu tun hat,

R. Gerzer, *Astronautische Raumfahrt*, https://doi.org/10.1007/978-3-662-64740-0_8

sondern im Gegenteil Spin Offs zusätzliche Erfolge sind, die aber vorher nicht geplant waren.

Wenn also in Analogie zum Beispiel in der Krebsforschung Erkenntnisse gewonnen würden, die helfen, Kopfschmerzen besser behandeln zu können, dann würde man auch nicht die Krebsforschung dafür kritisieren, dass die zusätzlichen Einnahmen aus Kopfschmerzmitteln die Forschungsgelder für Krebsforschung nicht rechtfertigen können. Man würde stolz darauf sein, einen zusätzlichen Nutzen aus der Krebsforschung bekommen zu haben.

Ähnlich sollte man auch die Spin Offs aus der Raumfahrtforschung sehen.

Öffentlichkeitsarbeit

Astronautische Raumfahrt eignet sich hervorragend für Öffentlichkeitsarbeit, vor allem bei Kindern und Jugendlichen. Dabei geht es nicht primär darum, Nachwuchs für die Raumfahrt zu generieren, sondern die junge Generation für MINT-Fächer zu öffnen und zu begeistern. Die Bereiche Mathematik, Informatik, Naturwissenschaften und Technik (MINT) sind die für die künftige wirtschaftliche Konkurrenzfähigkeit Deutschlands und der EU entscheidenden Fächer. Und hier fehlt der Nachwuchs; vor allem Mädchen denken oft, dass diese Fächer nichts für sie seien. Die junge Generation kann man mit Zukunft begeistern, weil ja die Zukunft in deren Hand liegt. Astronautische Raumfahrt als typisches MINT-Fach kann deshalb sehr gut als Werbeträger fungieren.

So hat das DLR vor über zwanzig Jahren begonnen, sogenannte School Labs einzurichten. Nach einer ersten Testphase wurde das DLR von Nachfragen überhäuft und hat deshalb inzwischen 13 Schoollabs flächendeckend, zum Teil gemeinsam mit Universitäten, errichtet. Dabei werden in jedem Schoollab Themen (nicht nur aus der Raumfahrt) behandelt, die auch tatsächlich im entsprechenden DLR-Zentrum bearbeitet werden und die Experimente, die Kinder und Jugendliche durchführen, haben konkreten Bezug zu dort bearbeiteten Fragestellungen. Ich selbst habe damals in meinem Institut in Köln die Zentrifugenhalle (Abb. 8.1) zur Verfügung gestellt. Wie auch an den übrigen DLR-Schoollabs war sehr bald die Nachfrage so groß, dass die Wartezeit für die Aufnahme neuer Schulen einige Jahre betrug. Da gerade bei Mädchen das Interesse an MINT-Themen inzwischen zunimmt, aber nicht immer befriedigt wird, veranstaltet das DLR jeweils am bundesweiten Girls-Day auch Sonderveranstaltungen, die ebenfalls jeweils für Jahre ausgebucht sind.

Abb. 8.1 *Schoollab des DLR im Institut für Luft- und Raumfahrtmedizin in Köln.* Das *Schollab ist seit Jahren völlig ausgebucht*
Im Zentrum die blaue Humanzentrifuge mit 7 m Radius. (Foto: DLR)

Natürlich – was in der Zeit von Pandemien zunehmend wichtiger wird – gibt es von den Schoollabs auch verschiedenste Onlineangebote und -schulstunden.

Ganz bewusst werden auch bei aktuellen Missionen deutscher ESA-Astronaut*innen Kinder einbezogen und die ESA sowie das DLR bieten Schulklassen Beteiligung an Schüler*innen-Experimenten an. Kinder begeistern sich dabei zunächst für Raumfahrt, das Ziel solcher Angebote ist aber, wie oben beschrieben, Kinder für MINT-Fächer offen zu machen und so zu helfen, Nachwuchs für unseren Wirtschaftsstandort zu bekommen.

2011 organisierte die amerikanische Wissenschaftlerin Jancy McPhee auf dem Internationalen Raumfahrtmedizinkongress in Houston einen so beeindruckenden Raumfahrt-Jugend-Kunst-Wettbewerb, dass ich ihr dann anbot, einen solchen Wettbewerb auch beim Weltkongress der Raumfahrtmedizin durchzuführen, den ich 2013 in Köln organisierte. Das weltweite überwältigende Interesse teilnehmender Kinder, Schüler*innen und Schulen war zutiefst bewegend und beeindruckend. Wir wurden von eingereichten Bildern, Kurzgeschichten und Musikstücken geradezu überflutet und nicht nur aus etablierten Raumfahrtnationen, sondern auch aus Drittländern, die wenig oder keinen Zugang zu astronautischer Raumfahrt haben.

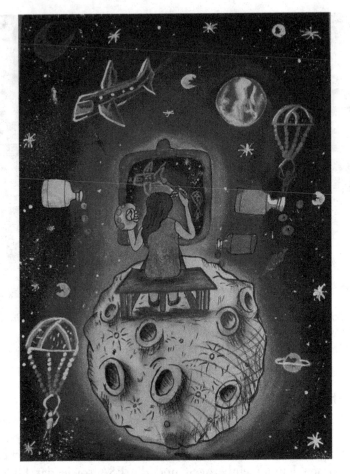

Abb. 8.2 *Painter on the Moon (Quelle: SciArtEx.com)*
Bild der neunjährigen Deepshika De aus Indien zum Thema: Was wirst Du auf dem Mond machen? Gewinnerbild am weltweiten Raumfahrt-Kinder- und Jugend-Kunst-Wettbewerb „Humans in Space Youth Art Competition" von SciArtExchange anlässlich des „Humans in Space-Kongresses" 2019

Inzwischen hat sich die Firma SciArtExchange etabliert und führt weltweit solche Events durch (Abb. 8.2). Es sollte, auch im Sinne gegenseitigen Verstehens und Verständnisses, mehr solche weltweite Initiativen geben! Das Ergebnis wird nicht sein, dass plötzlich viele junge Menschen in der astronautischen Raumfahrt arbeiten wollen, sondern, dass die MINT-Fächer gestärkt werden, dass mehr Frauen in MINT-Fächern arbeiten werden und dass weltweit das gegenseitige Verständnis wächst.

In den NASA-Seiten im Internet findet man sehr viele gute Beispiele dafür, wie man Kinder für Zukunftsherausforderungen begeistern kann. Auch diesbezüglich kann die NASA als Vorbild dienen.

Zum Weiterlesen

https://spinoff.nasa.gov/
https://www.dlr.de/schoollab/
www.sciartex.net
https://spaceplace.nasa.gov/kids/

9

Handlungsbedarf in Deutschland und Europa

Im Unterschied zu den USA und anderen Ländern hat Europa und Deutschland keine klare Strategie zur Zukunft astronautischer Raumfahrt. Im Folgenden wird deshalb weniger kritisiert, sondern es werden proaktiv Vorschläge gemacht, welche Strategie man anwenden könnte.

Zugang zum Weltraum

Wir brauchen in Deutschland und Europa dringend eine klare eigene Strategie für die astronautische Raumfahrt. Die weltweite Konkurrenz auf diesem Gebiet ist inzwischen sehr groß. Deshalb wird es ohne große Lösung nicht gehen. Und die sollte heißen: Europäische Union. Es ist Zeit, dass die ESA in die EU integriert wird und dann eine gemeinsame europäische Raumfahrtstrategie umsetzt. Die Struktur der ESA ist bisher so überdemokratisiert, dass die Programme in der astronautischen Raumfahrt eher Wirtschaftsförderprogramme für die jeweils heimische Industrie als strategische auf ein Gesamtziel hin ausgerichtete Investitionen sind. Selbst wenn die ESA optimal reformiert würde, bliebe es kontraproduktiv, ihr und nicht der EU die Langzeitziele der astronautischen Raumfahrt zu überlassen. Bisher hängen sich Deutschland und auch die ESA an die USA an. Das kann sinnvoll sein; kommt aber wieder ein Präsident, der „America First" sagt, wird sich diese Strategie rächen, insbesondere, wenn es dann lukrative Geschäftsfelder zu besetzen gilt.

© Der/die Autor(en), exklusiv lizenziert durch Springer-Verlag GmbH, DE, ein Teil von Springer Nature 2022
R. Gerzer, *Astronautische Raumfahrt*, https://doi.org/10.1007/978-3-662-64740-0_9

Will man klare Entscheidungen treffen, dann lohnt sich ein Blick über den Teich: Wie hat es die NASA gemacht? Sie hat ein Ziel definiert und Ausschreibungen gemacht, in denen mehrere Firmen nebeneinander Geld zur Entwicklung von Raketen und von Raumschiffen in Konkurrenz bekommen. Die letztliche Entscheidung, wer wen mit seiner Rakete zur Raumstation transportieren darf und wer Crewtransportsysteme in Richtung Mond oder Mars baut, wird der Konkurrenz überlassen. Der Sieger wird also von der NASA nicht aufgrund einer politischen Entscheidung gekürt, sondern setzt sich in ständiger Konkurrenz durch.

Die Beteiligung der ESA am Lunar Gateway-Programm ist sicherlich ein richtiger Schritt, der auch zeigt, dass die NASA Europa für einen sehr vertrauenswürdigen Partner hält.

Bei der Entwicklung von Raketen für den Transport von Menschen sollte trotzdem Europa eigenständig werden. Deshalb sollte die Entwicklung wiederverwendbarer Raketen, die auch Astronaut*innen transportieren können, priorisiert werden und mehreren Firmen in Konkurrenz Zuschüsse zur Entwicklung gegeben werden. Dazu könnte auch zählen, dass die Entwicklung nicht wiederverwendbarer Raketen infrage gestellt und möglicherweise eingestellt wird.

Parallel zur Entwicklung neuer Raketen könnte sich Europa auch das Ziel setzen, Vorreiter in der Entwicklung CO_2 neutraler, „grüner" Treibstoffe zu sein, um die Raketentechnik schrittweise umweltkompatibel zu machen. Für Deutschland, ein rohstoffarmes Land, könnte es sich auch generell lohnen, in solche Technologien zu investieren, die weltweit dringend benötigt werden und weniger abhängig von anderen Ländern machen. Mit einem solchen Vorgehen könnte man auch die paradoxe Situation entschärfen, trotz des Klimawandels in Technologien investieren zu müssen, die zumindest derzeit für das Klima kontraproduktiv sind.

Europa könnte auch weiter gehen und ein gemeinsames europäisches Modul eines Lunar Village mit einem klaren Ziel (z. B. Erkundung der Möglichkeiten lukrativen Bergbaus) entwickeln. Die beteiligten Firmenkonsortien wiederum sollten nicht in einem „geographic return program", sondern in echter Konkurrenz ausgewählt werden. Dazu braucht es aber eine klare und eigenständige gemeinsame europäische Strategie. Wir sollten uns in Europa nicht gegenseitig ausstechen, sondern geeint mit einer klaren Strategie mit den großen Raumfahrtnationen USA, China, Russland und Indien konkurrieren.

Weltraumtourismus, wie er jetzt in den USA beginnt, kann man durchaus als sinnvollen Zwischenschritt vor einer Konzentration auf Produktion im Weltraum und Weltraumbergbau sehen. Dass Ultrareiche für einen Weltraumaufenthalt Unsummen von Geld zahlen, sehe ich nicht negativ.

Im Gegenteil: dies hilft Firmen, diesen Markt zu erschließen und technische Neuerungen einzuführen, die astronautische Raumfahrt profitabel machen. Bereits jetzt hat die Firma SpaceX bei Satellitentransports die Kosten, um ein Kilo Nutzlast in den Orbit zu bringen, von etwa 16.000 $ (2016) auf unter 800 $ gesenkt. In den nächsten Jahrzehnten werden weiter deutlich sinkende Preise erwartet. Dies lässt auch erforderliche Investitionskosten für den später kommenden Weltraumbergbau dramatisch sinken. Und dass die erste private Firma begonnen hat, in die Entwicklung umweltfreundlicher Treibstoffe zu investieren, ist doch besser, als weiter in das bisherige Hobby zu investieren, mit spritfressenden Superjachten die Ozeane zu verschmutzen.

Mit dem privaten Zugang zum Orbit wird es in Zukunft auch für die Industrie deutlich schneller gehen und weniger bürokratielastig als bisher sein, im All Forschungsprojekte durchzuführen. Auch Länder, die bisher keinen oder kaum Zugang zu Forschungsmöglichkeiten im All haben, können so mit wesentlich weniger Kosten, wesentlich weniger Bürokratieaufwand und zeitnah ihre Projekte durchführen. Es steht deshalb zu erwarten, dass nicht nur der Weltraumtourismus, sondern auch die Forschung in Schwerelosigkeit mit sowohl Grundlagen- als anwendungsbezogener Forschung einen deutlichen Aufschwung erfährt. Diesen Markt sollte Europa nicht ganz den USA überlassen.

Weltraumbergbau mag zwar erst in fünfzig oder hundert Jahren profitabel werden. Sieht man aber die Entwicklung der Bevölkerungszahlen auf der Erde, die Verschlechterungen der Lebensbedingungen, die weniger werdenden Rohstoffe, das zunehmende Erpressungspotenzial durch Länder mit Lagerstätten seltener Erden etc., etc., dann wird klar, dass wir Europäer bereits jetzt an einer eigenen Langzeitlösung arbeiten müssen. Wir sollten also die Erde verlassen, nicht aber von der Erde weggehen, sondern mit diesem Verlassen dazu beitragen, sie als den wunderbaren Planeten zu erhalten, der sie noch immer ist. Aber wir müssen jetzt beginnen, die im erdnahen All vorhandenen unendlichen Möglichkeiten zu erkunden, damit uns das gelingen kann. Dabei sollte sich EU-Europa nicht nur auf die USA verlassen, sondern schrittweise unabhängig werden.

Lebenswissenschaftliche Forschung unter Weltraumbedingungen

Da ich mich in Lebenswissenschaften, nicht aber anderen Wissenschaftsdisziplinen der Weltraumforschung auskenne, beschränke ich mich hier auf die Lebenswissenschaften. In anderen Disziplinen könnte man aber analoge Vorschläge machen.

Forschung unter Weltraumbedingungen bedarf spezieller Infrastruktur, ist also großforschungstypisch. Deshalb ist es z. B. in den Lebenswissenschaften sinnvoll, so wie es in Deutschland in der Großforschungseinrichtung DLR gemacht wird, ein raumfahrtmedizinisches Institut mit den Forschungsgebieten Astrobiologie, Strahlenbiologie, Zell- und Molekularbiologie sowie Medizin zu betreiben und dort gemeinsam mit Universitäten und anderen Forschungsinstituten große interdisziplinäre Projekte durchzuführen.

Diese Art der Forschung bedarf aber auch einer gemeinsamen Strategie. Diese fehlt bezüglich Weltraumphysiologie in Deutschland, in der ESA und auch in der EU. Überall dort können sich Wissenschaftler zwar bei Ausschreibungen Geld abholen, aber was sie machen, ist meist ohne spezielle inhaltliche Strategie dem Zufall wissenschaftlicher Auswahl überlassen. Was immer man in Schwerelosigkeit findet, ist ja im Zweifel bisher noch nicht untersucht und kann deshalb auch veröffentlicht werden. Und schon ist diese „Wissenschaft" gerechtfertigt. Diese Art der Forschungsförderung sollte zugunsten größerer Fragestellungen, die Grundlagenforschung und angewandte Fragestellungen gemeinsam berücksichtigen, aufgegeben werden.

Bei der NASA definieren NASA-Wissenschaftler*innen gemeinsam mit Astronaut*innenärzten, mit Astronaut*innen und von Fördereinrichtungen ausgewählten renommierten Wissenschaftler*innen aus Universitäten die Notwendigkeiten, bestimmte Themenbereiche in der Breite (anwendungsorientiert) und Tiefe (grundlagenorientiert) zu erforschen. Dann erfolgen in Zusammenarbeit mit der Wissenschaftsorganisation National Institutes of Health (NIH) und der National Science Foundation (NSF) nationale Ausschreibungen, um diese Themenbereiche zu beforschen. Dies sind dann in der Regel große millionenschwere über jeweils mehrere (meist fünf) Jahre gehende Programme, z. B. zur Frage des Schlafs, zu genetischen Veränderungen, zur Frage der Regulation des Herzrhythmus oder des Knochenauf- und Abbaus etc. Diese Ausschreibungen gewinnen dann in der Regel große Teams oder Konsortien führender Universitäten und Forschungseinrichtungen. Die dann bewilligten Förderungen erlauben es, in diesen Themenbereichen sowohl Grundlagen- als integrierte Anwendungsforschung durchzuführen. Die Zwischen- und Endbegutachtung der Ergebnisse erfolgt dann wieder durch Wissenschaftler*innen, die gemeinsam von der NASA und dem NIH bzw. der NSF ausgewählt wurden. Insgesamt erfolgt also zielgerichtete Forschung in großem Maßstab, die sowohl grundlagen- als angewandte Aspekte berücksichtigt und nicht zwischen terrestrischer und Raumfahrtforschung trennt.

Zum weiteren Lob der NASA-Strategie muss auch gesagt sein, dass die NASA die entsprechenden Wissenschaftler*innen regelmäßig zu einem mehrtägigen Symposium einlädt, in dem diese ihre Fragestellungen und Ergebnisse vorstellen. Für die NASA ist es dabei eine Selbstverständlichkeit, führende Kolleg*innen aus dem Ausland, also Russland, Deutschland, Japan oder Kanada dazu einzuladen. In diesen Symposien, bei denen es keine Geheimnisse gibt, habe ich immer vieles gelernt und konnte es auch in die Strategie meines Instituts einbringen.

Wir brauchen also eine klare Strategie in der lebenswissenschaftlichen Forschung in Schwerelosigkeit. Deshalb ist auch in Deutschland eine Zusammenführung der Forschung überfällig, die die Deutsche Forschungsgemeinschaft DFG oder das Forschungsministerium BMBF und die DLR-Raumfahrtagentur, die Helmholtz-Gemeinschaft, die Max-Planck-Gesellschaft MPG sowie das DLR fördern. Wie in den USA sollten dazu große, mehrjährige Programme definiert werden, die entsprechenden Mittel aus den verschiedenen Förderinstitutionen in einen gemeinsamen Pool gegeben werden und die dann großzügige Förderung durch strenge wissenschaftliche Kontrolle begleitet werden.

Dies könnte auch neue Chancen dabei eröffnen, in hochdefinierten Studienprotokollen gleichzeitig physiologische molekulare Reaktionsmuster zeitaufgelöst studieren zu können. Dadurch würden zwei Welten medizinischer Forschung zusammengeführt.

Die DLR-interne Forschungsinfrastruktur ist bereits auf diese Bedürfnisse ausgerichtet. Sie stellt insbesondere mit der Anlage :envihab großforschungstypische Infrastruktur bereit und gewährleistet hochqualitative Rahmenbedingungen und wissenschaftliche Spitzenforschung in zentralen Bereichen entsprechender wissenschaftlicher Themenbereiche.

Große Studienkampagnen, wie sie in :envihab bereits jetzt in Zusammenarbeit mit vielen Wissenschaftlergruppen durchgeführt werden, könnten dazu beitragen, eine neue Dimension der Forschung zu ermöglichen, wie sie bisher nicht durchführbar war. Sammelt man alle Daten solcher gemeinsamer hoch standardisierter Kampagnen in einer gemeinsamen Datenbank, dann kann die Auswertung mittels künstlicher Intelligenz endlich die Möglichkeit zu einer modernen „ganzheitlichen" Medizin eröffnen. Den Nutzen hat die Medizin - sowohl für Menschen auf der Erde als im All.

Rein raumfahrtbezogene lebenswissenschaftliche Forschung wie die Themen Astrobiologie oder Strahlenbiologie sind in Deutschland heute bereits gut organisiert und bedürfen nach meiner Meinung keines großen Strategiewechsels. Für zell- und molekularbiologische Fragestellungen sollten allerdings ebenfalls größere interdisziplinäre Langzeitprogramme initiiert werden.

Weltraumtourismus, Weltraumbergbau und industrielle Produktion im Weltraum

Weltraumbergbau und speziell Asteroidenbergbau erscheint für die nächsten Jahrzehnte noch kein realistisches Ziel zu sein. Viele Experten warnen vor zu hohen Erwartungen in naher Zukunft und halten mit Ausnahme der Gewinnung von Wasser für Treibstoffe den Asteroidenbergbau noch für Jahrzehnte für nicht rentabel. Die in Asteroiden vorkommenden Bodenschätze und deren Erschließbarkeit erscheinen andererseits so attraktiv, dass inzwischen begonnen wird, für einen solchen Abbau juristische Regelungen zu schaffen, die bisher fehlten. Ein zunehmend wichtigerer Aspekt ist dabei, dass verschiedene Mineralien einerseits für moderne Technologien dringend gebraucht werden, aber andererseits nur in einigen Ländern vorkommen. Deshalb könnte in den kommenden Jahrzehnten, wenn der Bedarf weiter steigt und gleichzeitig die Reserven abnehmen, deren Export auch als politisches Druckmittel eingesetzt werden. Die Gewinnung erfordert häufig sehr umweltschädliche und -schädigende Verfahren und trägt in der Umgebung entsprechender Minen stark zur Umweltzerstörung bei. Obwohl in absehbarer Zeit die Reserven für den Bedarf der Industrie ausreichen, werden die Extraktionsmethoden immer schädlicher, weil die Lagerstätten mit hohen Konzentrationen der extrahierten Substanzen immer weniger werden.

Seltene Erden und verschiedene Metalle wurden auf dem Mond und auf Asteroiden nachgewiesen und scheinen dort teils in hoher Konzentration vorzukommen. Gewinnung auf dem Mond oder Asteroiden würde die Umwelt auf der Erde schonen und evtl. Engpässe vermeiden helfen. Obwohl der eigentliche Asteroidengürtel zwischen Mars und Jupiter liegt und deshalb vom Mars aus am besten erreichbar ist, sollte sich die astronautische Raumfahrt aber zunächst auf die Möglichkeiten des Abbaus von Mineralien vom Mond und erdnahen Asteroiden konzentrieren. Wenn dann die medizinischen Probleme für Flüge zum Mars und Langzeitaufenthalte auf dem Mars gelöst sind, könnte man das eigentliche Ziel, den Asteroidengürtel (Abb. 9.1) mit seinen unendlichen Ressourcen, ansteuern.

Ähnlich wie in früheren Jahrhunderten nach der Entdeckung neuer Kontinente bemerkt man jetzt, dass für jegliche Nutzung von Ressourcen oder Besiedelung außerhalb der Erde der rechtliche Rahmen fehlt und deshalb in Zukunft entsprechende Auseinandersetzungen bereits vorprogrammiert sind. Auch deshalb sind viele Länder derzeit sehr daran interessiert, bei der Erschließung des Alls Flagge zu zeigen: Gestern ging

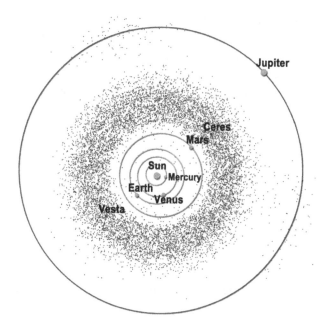

Abb. 9.1 *Asteroidengürtel. (Illustration: NASA)*

es um die Aufteilung der dritten Welt, heute um die des (erdnahen) Weltraums. Die USA, Russland, China und Indien positionieren sich heute für diese Herausforderung, Europa aber nur als Anhängsel der USA. Inzwischen ist es dringend nötig, ein für alle Länder gültiges Weltraumrecht zu schaffen, damit nicht in Zukunft ungeklärte Besitzverhältnisse auf Mond und Mars oder Ansprüche auf Asteroiden mit großen Bodenschätzen zu kriegerischen Auseinandersetzungen führen.

Dass clevere Firmen schon heute Grundstücke auf dem Mond und auf dem Mars verkaufen, ist sicherlich eine potenziell sehr einträgliche Geschäftsidee; tatsächliche Ansprüche auf die so gekauften Grundstücke hat bisher aber niemand.

Den Weltraum können wir noch lange nicht zum Schutz unserer Erde vor Raubbau und Klimawandel nutzen. Bei der zunehmenden Erdbevölkerung, der gleichzeitigen Zerstörung der Umwelt und des Klimas sowie der zunehmenden Ressourcenknappheit, die wir nicht durch erneuerbare Energien ausgleichen können, bleibt aber als logische Zukunftsperspektive nur der Weg ins All. Wenn jetzt Infrastrukturen in der Erdumlaufbahn, zum Mond und darüber hinaus für Millionäre und Milliardäre errichtet werden, hilft das auf diesem Wege. Die Milliardäre helfen dabei mit ihren

Investitionen, Technologien für den Transport zum und vom Weltraum weiterzuentwickeln, sodass die daraus entstandenen Fortschritte in weiterer Zukunft auch für Bergbau und industrielle Produktion außerhalb der Erde genutzt werden können. Weltraumtourismus wird also nicht nur direkt ein neuer einträglicher Industriezweig werden, sondern kann auch als nächster Meilenstein zur Erschließung des erdnahen Alls zum Nutzen der Menschheit angesehen werden. Lassen wir doch den Milliardären den Spaß, ins Weltraumhotel zu fliegen, anstatt mit ihren Superjachten die Meere zu verschmutzen! CO_2-Äquivalente sollten dabei natürlich ordentlich bepreist werden.

Auch wenn Bergbau und industrielle Produktion noch viele Jahrzehnte entfernt sind, ist der jetzt beginnende Einstieg in diese neuen Welten ein Hoffnungsschimmer für die Zukunft unserer Erde. Dieser Einstieg sollte nicht gebremst, sondern mit Elan angegangen werden. Und damit das möglichst ohne zusätzliche Belastung der Umwelt geschehen kann, sollte heute vor allem die Entwicklung umweltfreundlicher Treibstoffe massiv vorangetrieben werden.

10

Ausblick

Astronautische Raumfahrt ist gerade dabei, ihren Siegeszug zu beginnen. Mit dem Übergang von rein staatlich durchgeführten Projekten hin zu privatwirtschaftlichem Handeln entsteht jetzt ein neues Marktsegment mit riesigem Potenzial. Dieses Potenzial sollte von Europa aus besser genutzt werden, um in Zukunft auf diesem Gebiet nicht von anderen Akteuren abgehängt und abhängig zu werden. Um dies zu ermöglichen, sind strategische Änderungen der europäischen Raumfahrtpolitik und eine Eingliederung der ESA in die EU sinnvoll. Außerdem brauchen wir dringend ein Weltraumrecht, das die Nutzung extraterrestrischer Ressourcen regelt.

Da wir in der Ära des mensch-gemachten Klimawandels leben, muss natürlich auch die astronautische Raumfahrt Klimaziele befolgen und mit ihren Möglichkeiten unterstützen. Dabei sollen die CO_2-Äquivalente der entstehenden Emissionen entsprechend bepreist und in die jeweiligen nationalen Emissionsziele eingeschlossen werden. Gleichzeitig sollte die Entwicklung umweltfreundlicher Treibstoffe massiv vorangetrieben werden. Raumfahrt soll helfen, künftige Generationen zu unterstützen und darf deshalb nicht zu einer weiteren Schädigung der Umwelt beitragen.

Langfristig kann aber gerade die astronautische Raumfahrt wesentliche Beiträge liefern, um die Ausbeutung terrestrischer Ressourcen zu stoppen und die Erde lebenswert zu erhalten. Wir haben heute die Chance, die Ziele der astronautischen Raumfahrt in diese Richtung zu lenken und dabei gleichzeitig zu erreichen, dass Europa in einem in Zukunft immer wichtiger werdenden Industriesegment konkurrenzfähig bleibt.

© Der/die Autor(en), exklusiv lizenziert durch Springer-Verlag GmbH, DE, ein Teil von
Springer Nature 2022
R. Gerzer, *Astronautische Raumfahrt*, https://doi.org/10.1007/978-3-662-64740-0_10

Nachspann

Literatur

Adrian A. et al. The Oxidative Burst Reaction in Mammalian Cells Depends on Gravity. Cell Communication and Signaling, 11:98 (2013)

Alperin N., Bagci A.M. Spaceflight-Induced Visual Impairment and Globe Deformations in Astronauts Are Linked to Orbital Cerebrospinal Fluid Volume Increase. In: Heldt T. (eds) Intracranial Pressure & Neuromonitoring XVI. Acta Neurochirurgica Supplement, vol 126. Springer, Cham. https://doi.org/10.1007/978-3-319-65798-1_44 (2018)

Budrikis Z. A decade of AMS-02. *Nat Rev Phys* **3,** 308 (2021).

Chylack LT. NASA Study of Cataract in Astronauts (NASCA). Report 1: Cross-Sectional Study of the Relationship of Exposure to Space Radiation and Risk of Lens Opacity. *Radiat Res* 172: 10–20. (2009)

Cucinotta FA. Radiation Risk Acceptability and Limitations. https://three.jsc.nasa.gov/articles/AstronautRadLimitsFC.pdf (2010)

Crucian BE et al. Immune System Dysregulation During Spaceflight: Potential Countermeasures for Deep Space Exploration Missions. Front. Immunol., https://doi.org/10.3389/fimmu.2018.01437 (2018)

Elgart R. et al. Radiation Exposure and Mortality from Cardiovascular Disease and Cancer in Early NASA Astronauts *Scientific Reports* 8:8480 (2018)

Farkas Á., Farkas G. Effects of Spaceflight on Human Skin. Skin Pharmacol Physiol. 34:239–245 (2021)

Fuglesang C et al., Phosphenes in Low Earth Orbit: Survey Responses from 59 Astronauts. Aviation, Space, and Environmental Medicine 77:449-452 (2006)

Garrett-Bakelman F. The NASA Twin Study: A Multidimensional Analysis of a Year-long Human Spaceflight. Science 64 Nr 6436; https://doi.org/10.1126/science.aau8650 (2019)

Hackney K. e al. The Astronaut-Athlete. Optimizing Human Performance in Space. Journal of Strength and Conditioning Research. 29:3531–3545; https://doi.org/10.1519/JSC.0000000000001191 (2015)

Heer M. et al. High dietary sodium chloride consumption may not induce body fluid retention in humans. Amer. J. Physiol. 278:F585-F595 (2000)

Jiri K. Fish mating experiment in space–what it aimed at and how it was prepared Biol Sci Space. 9:3–16 (1995)

Jönsson I. et al. Tardigrades survive exposure to space in low Earth orbit. Current Biology 18: R729-R731 (2008)

Kleinewietfeld M. et al. Sodium chloride drives autoimmune disease by the induction of pathogenic T_H17 cells. Nature 496, 518–522 (2013)

Kopp C. et al. ^{23}Na Magnetic Resonance Imaging-Determined Tissue Sodium in Healthy Subjects and Hypertensive Patients. Hypertension. 61:635–640 (2013)

Laughlin MS. Et al. Functional fitness testing results following long-duration ISS missions. Aerosp Med Hum Perform. 86:A87–A91. (2015)

Lee AG et al. Spaceflight associated neuro-ocular syndrome (SANS) and the neuro-ophthalmologic effects of microgravity: a review and an update. npj Microgravity 6:7 https://doi.org/10.1038/s41526-020-0097-9 (2020)

Machnik A. et al., Macrophages regulate salt-dependent volume and blood pressure by a vascular endothelial growth factor-C–dependent buffering mechanism. Nature Medicine 15:545–552 (2009)

Mader T.H. Optic Disc Edema, Globe Flattening, Choroidal Folds, and Hyperopic Shifts Observed in Astronauts after Long-duration Space Flight. Ophthalmology 118:2058-2069 (2011)

Marshal-Goebel K. et al. Assessment of Jugular Venous Blood Flow Stasis and Thrombosis During Spaceflight. JAMA Network Open. 2019;2(11):e1915011. https://doi.org/10.1001/jamanetworkopen.2019.15011 (2019)

NASA Office of Inspector General. Report Nr. IG-16-003 (2019)

Norsk P. Adaptation of the cardiovascular system to weightlessness: Surprises, paradoxes and implications for deep space missions. Acta Physiologica 228(3) https://doi.org/10.1111/apha.13434 (2020)

Orwoll ES. et al. Skeletal health in long-duration astronauts: Nature, assessment, and management recommendations from the NASA bone summit. Journal of Bone and Mineral Research 28: 1243–1255; https://doi.org/10.1002/jbmr.1948 (2013)

Paton et al. Antimicrobial surfaces for use on inhabited space craft: A review. Life Sciences in Space Research 26:125 (2020)

Pietrzyk R. et al.Renal Stone Formation Among Astronauts. Aviation, Space, and Environmental Medicine 78 (Suppl1):A9-A13 (2007)

Seedhouse E. Microgravity and vision impairments in astronauts. Springer Briefs in Space Development. ISBN 978-3-319-17869-1 (2015)

Shostak S. Simple math shows how many space aliens may be out there | SETI Institute (2018)

Stahn, AC. et al. Increased core body temperature in astronauts during long-duration space missions. Sci Rep 7, ss16180 https://doi.org/10.1038/s41598-017-15560-w (2017)

Westby T. & Conselice CJ. The Astrobiological Copernican Weak and Strong Limits for Intelligent Life. The Astrophysical Journal 896:58 (2020)

Gast R Der schmutzige Weg zum All. Zeit Online 9. Oktober (2021)

zu Eulenburg P. et al., Changes in blood biomarkers of brain injury and degeneration following long-duration spaceflight. JAMA Neurol. Doi:https://doi.org/10.1001/jamaneurol.2021.3589 (2021)

Stichwortverzeichnis

Printed in the United States
by Baker & Taylor Publisher Services